做孩子的心理医生

III

姚会民/编著

天津科学技术出版社

图书在版编目(CIP)数据

做孩子的心理医生Ⅲ/姚会民编著.—天津：天津科学技术出版社，

2009.9

ISBN 978-7-5308-5313-9

Ⅰ. 做... Ⅱ. 姚... Ⅲ. 少年儿童—心理卫生 Ⅳ. B844.2

中国版本图书馆CIP数据核字（2009）第162134号

责任编辑：刘丽燕

责任印制：白彦生

天津科学技术出版社出版

出版人：胡振泰

天津市西康路35号 邮编 300051

电话（022）23332398（事业部） 23332697（发行）

网址：www.tjkjcbs.com.cn

新华书店经销

北京燕旭开拓印务有限公司印刷

开本 710×1000 1/16 印张 15.25 字数 232 000

2009年9月第1版第1次印刷

定价：32.80元

前言
Preface

教育孩子，父母一定要懂点心理学

众所周知，人类的种种行为都是在心理的支配下进行的。作为父母，教育孩子是不可推卸的责任，然而父母应该如何去培养孩子、教育孩子、改变孩子的不良行为呢？

鲁迅先生曾经说过："孩子的世界，与成人截然不同，倘不先行理解，一味蛮做，便大碍于孩子的发展。"因此，父母要想教育孩子、改变孩子，就应从了解和改变孩子的心理入手，学做孩子的心理医生。

然而，现实生活中，有相当大比例父母严重缺乏基本的心理学知识，致使孩子长期陷入心理问题中不能自拔，在家庭教育中经历了很多错误和失败。所以，他们这个心理医生做得很不合格。换句话说，作为父母，他们对自己的孩子虽然有着强烈的责任感，但是因为缺乏心理知识，而不能行之有效地运用教子技巧并达到预期的目的。

那么，如何才能做好孩子的心理医生呢？这就要求为人父母者，在平时生活中掌握一些科学的、常用的心理学知识，总结家庭教育中常见的一些心理现象及其背后的心理规律。只有掌握了这些知识，父母才能科学地培养孩子的健康心理，巧妙地纠正孩子的不良行为，进而帮助孩子养成良好习惯，让孩子成为一个身心健康、幸福快乐的孩子。

本书就是从这点出发，列举了生活中常见的心理效应，以及父母在这种心理效应下应该如何科学地培养孩子。

"适度法则"告诉父母：教育孩子时，既不能过分严厉，又不能过于放纵。应该做到该宽则宽，该严则严，宽严相济。

"角色效应"告诉父母：合格的父母应该是孩子的言行的示范者、知识的启蒙者、称职的指导者、心理保健师、知心朋友。

"代沟效应"告诉父母：因为每个孩子都是一个独立的个体，有着独立的人格。父母如果能够站在理解的基础上与孩子进行沟通，一定会取得事半功倍的教育效果。

"强化定律"告诉父母：人的本能，如果不能得到强化，会随着时间的流逝而消失。为人父母者，可以通过奖励使孩子的好习惯得到强化；可以通过惩罚使孩子的坏习惯慢慢弱化。

"马太效应"告诉父母：一个人一旦在某一方面取得了成功，就会产生积累优势，进而有更多的机会取得进步。同理，一个孩子越有自信，就会得到越多的优势，也就越有可能取得成功。因此，为人父母者应该在日常生活中帮助孩子树立自信。

总而言之，为人父母者只有掌握了心理学知识，才能够了解孩子的心理特征和发展规律，进而做好孩子的心理医生，并有效地培养孩子健康的心理，塑造孩子积极的性格。

目录
Contents

第一章

培养孩子，教育方式很重要

教育为什么总是很失败，其中最主要的原因之一就是父母的教育方式有问题。例如，有的父母对孩子的管教过严或者过宽；有的父母一味地给孩子毫无限制的爱；有的父母则给孩子过大的压力等，都在很大程度上限制了孩子的成长。

第二章

不懂得尊重，就不懂得教育

教育的前提是了解孩子，而了解孩子的前提是尊重孩子。因此，为人父母者在教育孩子的过程中正确做法是，尊重孩子的想法，给孩子一个宽松、自由的生活环境，支持他们做自己喜欢做的事情。

第三章

父母会说话，孩子才会听话

为何现在的孩子越来越不听话？原因之一就是为人父母者很少注重说话方式，而且不懂得说话技巧。其实，父母们不妨试着站在理解的基础上与孩子进行沟通，学着倾听孩子的心声，并掌握一些批评和赞扬的艺术。

第四章

父母勤提醒，孩子好品行

著名教育家叶圣陶先生认为，教育的目的就是培养孩子的习惯。所以，父母在教育孩子的过程中千万不能忽视对孩子习惯的培养，例如日常生活中一定要培养孩子的勤俭节约等良好习惯；帮助孩子戒除拖沓等不良习惯。

第五章

情商教育，影响孩子的一生

美国哈佛大学心理学教授丹尼尔·戈尔曼认为，人的智商几乎都在一个水平线上，真正决定一个人能否取得成功的重要因素是情商。因此，父母一定要注重培养孩子的情商，例如培养孩子的自信心、竞争力、自制力等。

第六章

性格培养，父母绝不能忽视

日本一位心理学家认为："心理变，态度亦变；态度变，行为亦变；行为变，习惯亦变；习惯变，人格亦变；人格变，命运亦变。"所以，教育孩子的过程中，父母一定要注重培养孩子自信、乐观、积极等良好性格。

第七章

人见人爱是教出来的

为人父母者，都希望自己的孩子人见人爱。但有时候，因为孩子不懂人际交往技巧，常常达不到人见人爱的效果。因此，在教育的过程中，父母一定要让孩子知错就改，懂得尊重和感恩，大方、坦然地与人交往。

第八章

成长和成功，一样都不能少

培养孩子时，很多父母会犯一个错误，即过于追求孩子的成功，而忽视了孩子的成长。例如，很多父母把学习成绩作为衡量孩子一切的标准，如此，孩子的身心发展会受到严重损害。因此，对于孩子的成长和成功，父母不能厚此薄彼。

第一章 培养孩子，教育方式很重要

教育为什么总是很失败，其中最主要的原因之一就是父母的教育方式有问题。例如，有的父母对孩子的管教过严或者过宽；有的父母一味地给孩子毫无限制的爱；有的父母则给孩子过大的压力等，都在很大程度上限制了孩子的成长。

一 适度法则：教育孩子要宽严得当

很多父母在家庭教育的过程中，总是把握不好宽与严的度。要么对孩子过于放纵，要么对孩子过于严厉，很难取得良好的教育效果。

古书中曾记载了这样一个故事：有一次，孔子带领他的弟子们到鲁国太庙参观学习，看到了一种专门对人示警的特殊器皿——欹器。孔子认为这是教育学生的一个良机，于是便让学生分别向它里面注水。

结果发现，当欹器没注水时是倾斜的，注满水后却翻了过来盛不住一点水，只有当注水到一半时它才能垂直竖立。据此，孔子总结出了“适度”的道理：不管做什么事情，都能够坚持适度原则的人，才是真正聪明、能够避免挫折和失败的人。

故事之中的欹器，要想让它竖立起来，里面的水不能多也不能少，必须是适度的。心理学家将这一现象称之为“适度法则”。但是，很多人往往不懂得这一道理，例如家庭教育中，经常会看到这样两类父母：一类是放纵型父母，这类父母对孩子非常疼爱，常常是孩子想怎么样就怎么样，想要什么就给什么；另一类是苛刻型父母，他们对孩子要求十分严厉，不许孩子做这，严禁孩子做那。事实上，家庭教育也应该坚持“适度法则”，否则，对孩子的成长极为不利。

太过宽容易让孩子是非不分

很多父母认为，对于未成年的孩子来说，因为他们不成熟，还没有足够的人生经验，自我约束以及自我教育能力很差，因此在成长的过程中难免会犯各种各样的错误。作为父母，应该用一颗宽容的心去包容孩子的这些错误，选择批评则会让孩子离自己越来越远。不可否认，在宽容力量的感召下，很多孩子会意识到并进而改正自己的错误。但是如果对孩子的宽容没有坚持适度原则，则容易让孩子是非不分。

高杰是家中的独生子，在家中备受宠爱。小的时候，高杰十分调皮，而且占有欲很强，上幼儿园的时候，看见别的小朋友从家里带来的玩具，只要是他觉得喜欢，一定会强夺过来。稍微大点儿的时候，有一次跟爸爸妈妈去一个亲戚家做客，在亲戚家他看到了自己喜欢的奥特曼玩偶，竟然藏在衣服里带回家了。

父母错误做法：纵容孩子的“小调皮”

上述案例中，儿子能够把自己喜欢的东西据为己有，父母认为这只是儿子调皮的一种表现，并没有意识到这样做有什么不对，也很少因为这种事情去责备孩子。而且，他们总是想方设法地为儿子的“调皮”善后、掩饰。结果，父母的纵容让儿子高杰是非不分，不认为自己的做法有什么不妥。

心理专家建议：宽要有度，但不能无限度

教育孩子时，“宽”不能毫无理智，没有限度。例如，孩子犯错误的时候，父母总是对他们持包容的态度，久而久之，他们就不会意识到自己的行为是错误的。而且这样下去，家长在孩子面前失去了恒久的威信，孩子也会逐渐变得任性、自私，甚至是非不分。所以，父母在对孩子采取宽容的教育方式时，一定要把握好一个度。

1. 宽容的前提是孩子认识到自己的错误

孩子成长的过程中，出现错误是在所难免的，因此父母实施宽容教育也是必需的，但是宽容孩子的前提是孩子已经意识到自己犯了错误，否则应该予以批评和惩罚。例如上述案例中，父母首先应该让高杰意识到抢小朋友的玩具是不对的，当高杰意识到这一错误做法之后，父母才应该对他采取宽容的态度。

2．宽容不是一而再、再而三的纵容

有些孩子，当自己犯了错误时，看到父母对自己的这种错误持一种非常宽容、无所谓的态度，他们就不以为然。这样下去，孩子很可能会接着犯下类似的错误。这个时候，作为父母绝不能对孩子再持宽容的态度，一而再、再而三的宽容就是对孩子的纵容，会为孩子今后形成不良的习性埋下祸根。

太过严厉会让孩子唯唯诺诺

与宽容相对的另一种父母是太过严厉型父母，这类父母在教育孩子的过程中，总喜欢给孩子画出很多条条框框，这也不可以，那也不能做。父母管孩子，是出于对孩子的爱，是必需的，不管孩子则是父母的失职。但有些父母对孩子管得太多、管得不当，这样下去就会适得其反。因为父母对孩子过度管教，会扼杀孩子的天性，令孩子窒息，甚至会产生严重的后果。

小强放学回家后觉得很累，他想先睡一会儿，然后再起来做作业。“晚上十点半之前不准睡觉，必须学习！”他刚躺下，爸爸不容分说地就叫他起床。无奈，他只得强打精神看书学习，效果可想而知。正因为爸爸从来都是“说一不二”，小强平时在爸爸面前很少言语，有时甚至有些害怕。爸爸的口头禅就是：“你是我的孩子，难道我还管不了你！”

父母错误做法：对孩子设置太多条条框框

像小强这样被父母严加管教的孩子不计其数。有些父母在生活中给孩子设置了太多的限制，这也不行，那也不准；有些父母则对孩子管得过细过死，孩子大大小小的事情都必须过问。孩子也希望有自己的自由，也希望自己的事情自己来做主，也希望自己的独立活动不受到限制和干涉，而父母对孩子干预、设限过多，会使孩子觉得自己没有一点生活空间，心理压力过大。因此，孩子的身心健康受到了很大的影响，尤其会让孩子没有主见，唯唯诺诺。

心理专家建议：教育孩子要宽严相济

心理学家贝克说得好：“对子女督促过严的父母，也许可以迫使孩子养成良好的习惯，却也会使子女有不安、依赖、胆怯、敢怒不敢言、不爱做劳心工作以及不喜欢参加有创造性的活动等缺点。比较起来，这种教育方法是得不偿失的。”在家庭教育的过程中，父母不需要刻意约束孩子，把孩子管得越紧，孩子的压力就会越大。教育孩子，要做到该宽则宽，该严则严，宽严相济。只有这样，父母才能在教育孩子上表现得游刃有余，且能够取得良好的教育效果。

1．思想品德上要严，无关紧要处要宽

孩子骂人、说脏话、拿别人东西等一些品德上的过错必须要严管，要对他严肃批评，必要时给他一点儿小的惩罚，避免他养成不良习惯。但在一些小的、无关紧要的事情上要宽，如孩子不小心打破了碗，应当心平气和地和他说，教他下次注意，再把可能出现的危险向他强调一下就可以了。

2．学习上要严，个人兴趣上要宽

在学习上不能放松对孩子的要求，否则孩子的学习成绩就会退步，知识就不能很好地掌握，给他将来的发展会带来一定的影响。但是这种严不是要求父母时时刻刻都督促孩子学习，而是指在孩子的学习问题上不能掉以轻心。再者，对孩子重复出现的错误必须严格要求，不能有一丝一毫的懈怠。

二 榜样定律：

身教重于言教

父母的品德、人格对孩子有潜移默化的作用，会影响孩子今后的成长。如果父母的榜样出现了偏差，孩子的思想行为就会出现偏差。

在家庭教育中，曾国藩很重视自己的一言一行，凡要求孩子做到的，先要求自己做到。他生活俭朴，两袖清风。据说在吃饭遇到饭里有谷时，他从来不吐在地上，而是用牙齿把谷剥开，把谷里的米吃了，再把谷壳吐掉。久而久之，他的儿子纪泽、纪鸿也都是这么做。他日理万机，但是一有时间，就给孩子们写信，为他们批改诗文，还常常与他们交换日常学习、修身养性的心得体会。

在孩子的眼里，曾国藩既是父亲又是朋友；既是经师又是人师。因此，孩子们都非常钦佩、崇拜他，把他视为自己的人生偶像和坐标。他的儿子曾纪泽诗文书画俱佳，又自修英文，成为清末著名外交家；曾纪鸿研究古算学也取得了相当高的成就；他的孙辈也出了曾广钧这样的诗人；曾孙辈又出了曾昭权、曾约农这样的学者和教育家。可以说，这与曾国藩的榜样教育是分不开的。

的确，榜样的力量是无穷的。尤其是在家庭教育中，父母作为孩子的第一任教师，是孩子效仿的最直接的榜样，对孩子的示范作用是全方位、立体化的。如同上述故事中的曾国藩，在教育子女时，他总是保持着良好的行为习惯，这不仅赢得了孩子们的信赖和尊重，更是为他们树立了良好的榜样。在心理学上，这一现象被称为“榜样定律”。

孩子的诸多行为源于对父母的模仿

生活中，你是不是经常会听到这样的话语，“你是××家的孩子吧，跟你爸简直就是一个模子刻出来的”，“这孩子，跟你妈年轻的时候一个样”。不可否认，父母的外貌或多或少地都会遗传给孩子，透过孩子的外表，很多熟人都能够判断出孩子的父母是谁。事实上，不仅是外貌，就连孩子为人处世、解决问题的方式等，也都在很大程度上模仿着自己的父母。

有一对夫妇，对女儿给予了很高的希望，为了让女儿更好地发展，父母将其送到当地最好的一所音乐学校。女儿小时候很乖，学习很努力。但是自从女儿上了音乐学校以后，开始变得不听话了。经常花很多钱买漂亮的衣服、书包、化妆品等，什么都想胜过其他同学，但是成绩却直线下降。父母找不出原因，只好请心理医生来帮忙解决女儿的问题。

心理医生在治疗过程中发现了女儿的问题所在。其实女儿的问题，也是其父母的问题。她的父母出生在旧式的高级知识分子家庭，虚荣心极强。家里并不富裕，但是在人前，父母总是装出家里很有钱的样子，还告诉女儿，人活着一定要有面子。无形中，他们把这种虚荣心传染给了自己的女儿。耳濡目染，在这种特定的环境中，女儿的虚荣心被唤起，因此就想要父母不断满足自己物质方面的需求。

他们的女儿甚至这样告诉心理医生说：“我买贵重的东西，我请同学们吃饭，这都是我的父母所希望的啊！因为他们这样做的时候会觉得自己很有面子。我这样做当然也是给自己挣面子，给他们挣面子啊。我想做一个有面子的人，难道这也错了吗？”

父母错误做法：关注孩子成长，却不注重自身影响

有很多父母，他们都对孩子寄予了很高的期望，希望子女在各个方面都表现得很优秀。但另一方面，他们却忽视了自身行为对孩子的影响。例如上述故事中孩子在无形之中就模仿了父母虚荣的行为，所以她在生活中会想方设法满足自己的虚荣心，一旦物质上得不到满足，她就会大发雷霆，对父母

竖眉瞪眼。其实，要改变女儿的这种状况很简单，就是父母和女儿一起努力做出改变。

作为孩子人生的第一位老师，孩子的行为模式和心理特征或多或少会从父母那里继承一些。其中的优点，会让孩子受益终生，而缺点，则会使孩子的人生多了些许遗憾。所以，父母在关注孩子健康成长的同时，也应该注意自己的行为，因为在不知不觉中，孩子就可能把他模仿得惟妙惟肖。

心理专家建议：以身作则，给孩子做个好的模仿对象

著名的亲子教育专家郑石岩教授在他的书中曾经讲过，许多对生活适应有问题的孩子，总可以追踪到身教残留的不利因素。言教如不搭配身教，成效有限。因为多数情况下孩子不是按照父母所说的话去做，而是效仿父母的所作所为。父母试图用说教、用谩骂的方法去改造孩子，但孩子看到的是你的行为，他感受到的是你的思维方式，所以不管你说什么、怎么说，他的心智行径都会以你的方式为准。所以，父母一定要以身作则，给孩子树立一个好的榜样。

1. 严于律己，为孩子树立懂礼貌的榜样

孩子是家长的影子。若要把孩子培养成懂礼貌的好孩子，作为父母就应该在平时多注意自己的言行，对人友好和善、尊老爱幼、不讲脏话、不欺负弱者。教育子女要讲究方法，自己要先做表率，但又要讲民主，做孩子的好朋友，言而有信，不乱发脾气，宽严适当。

2. 控制脾气，为孩子树立心态平和的榜样

有的父母性格比较急躁，容易发脾气。孩子就会模仿父母的这种行为，冲着朋友大喊大叫。为了给孩子树立一个好榜样，在情绪激动时父母要让自己尽量冷静下来，保持克制。

3. 辛勤劳动，给孩子树立自食其力的榜样

父母在孩子面前不要好吃懒做、懒懒散散，要争取时间，勤于做事，让孩子知道物品是用智慧和劳动换来的，明确劳动的重要性和必要性。否则，孩子就会以为不劳动、不动脑子照样什么都可以拥有，可以过上好生活。

4. 心胸宽广，给孩子树立为人豁达的榜样

在为人处世上，父母要表现出不以物喜，不以己悲，不说长道短，不论人是非，不因一点小事而与人斤斤计较，不因己不如人而嫉贤妒能；遇事沉着冷静，对人对事智慧、宽容，拿得起、放得下、丢得开。在父母这样的影响下，孩子自然会变得心胸宽广，为人豁达。

三 天鹅效应：

溺爱，对孩子也是一种伤害

过分的娇惯和毫无节制的爱常常会给孩子带来伤害。“严家无悍虏，慈母多败子”，这是千百万父母教育孩子的正确经验的总结。

一对生活在湖边的夫妇，靠捕鱼为生。有一年秋天，一群准备去南方过冬的天鹅路过这里。夫妇两个非常高兴，拿出打来的小鱼喂养它们。很快，这群天鹅就决定留下来。

冬天来了，它们白天在湖面上觅食，晚上就住在渔翁夫妇为它们铺好的窝里。湖面封冻的时候，老夫妇就用自己储藏的喂鸡饲料和打来的小鱼喂养它们。直至湖面彻底解冻。

日复一日，老夫妇把它们当做自己的孩子一样抚养着，爱护着。直到有一天，老夫妇不得不离开这里。然而，老夫妇无论如何也不会想到，习惯了被他们保护的天鹅，在他们离开后的那个冬天，也随之消失了。它们的消失，不是因为飞去了其他地方，而是在那年冬天湖面封冻期间全部饿死了。

故事之中，渔翁夫妇对天鹅的爱，绝对是无私而又真挚的，他们甚至把这些天鹅当做是自己的孩子一样对待。可是，渔翁夫妇却不知道，已经习惯了在这种关爱下生活的天鹅，却在失去渔翁夫妇关怀的那一刻，遭遇到了悲惨的结局。的确，人们对于那种无私而真挚的爱，通常是给予赞美和肯定的。可很少有人会想到，溺爱有时也是一种伤害，而且这种伤害是致命的。心理学家将这一现象称之为“天鹅效应”。

溺爱会带来孩子的无能

心理学家研究表明：过分的溺爱和娇惯常常会使孩子变得任性。例如那些太多太快得到物质满足的孩子，长大成人后常常不会处理学习、工作以及人际交往中的挫折。而且，心理学家认为，对孩子放纵和溺爱的父母，会使他们将来更易于焦虑和沮丧，孩子长大后甚至会变得无能。

一位母亲被她的孩子伤透了心，因为她的孩子什么都不会做，30岁的年纪了，甚至不懂得怎么去恋爱。她不得不去找心理专家。

专家问，孩子第一次系鞋带的时候，打了个死结，从此以后，你是不是不再给他买有鞋带的鞋子了？

夫人点了点头。

专家又问，孩子第一次洗碗的时候，打碎了一只碗，从此以后，你是不是不再让他走近洗碗池了？夫人称是。专家接着说，孩子第一次整理自己的床铺，整整用了2个小时的时间，你嫌他笨手笨脚了，对吗？

这位母亲惊愕地看了专家一眼。

专家又说道，孩子大学毕业去找工作，你又动用了自己的关系和权力，为他谋得了一个令人羡慕的职位。

这位母亲更惊愕了，从椅子上站了起来，凑近专家问：您怎么知道的？

专家说，从那根鞋带知道的。

夫人问，以后我该怎么办？

专家说，当他生病的时候，你最好带他去医院；他要结婚的时候，你最好给他准备好房子；他没有钱时，你最好给他送钱去。这是你今后最好的选择，别的，我也无能为力。

父母错误做法：动用自己的力量，解决孩子的烦恼

在家庭教育中，很多父母在孩子的身上倾注了无限的爱，这种爱，没有原则，毫无节制。的确，现在的孩子多是独生子女，是父母的心肝宝贝，父母对其是“含在嘴里怕化了，捧在手里怕摔了”，并不惜牺牲时间、金钱、

精力等一切可能的代价，去换取对孩子的爱。但事实上，对孩子的爱，过了头，就会变成对孩子的伤害。例如父母对他们的大包大揽，常常会使孩子变得懦弱无能。例如上述案例中，孩子最后连恋爱都不会谈，这实在是一件可悲的事情。

心理专家建议：放弃包办，给孩子自己动手的能力

作为父母，爱子心切固然可以理解，但你可以照顾孩子一时一事，却照顾不了孩子一生一世。在父母的羽翼下成长起来的孩子，处理事情、解决问题的能力是非常有限的，今日的溺爱或许就为孩子日后的平庸埋下了种子。

1．不当“拐杖”当“向导”

如果父母不愿意让自己的孩子变成无能的人，就应该为孩子创造独立做事的条件，培养他们自己动手的能力，不当“拐杖”当“向导”。凡是孩子能够做到，应该做到的，就不要代替他；凡是孩子愿意做的，就应当鼓励他。使他从做事的过程中获得自信，提升能力。

2．不要过于“心疼”孩子

很多家长之所以把所有的事情都替孩子做完了，是因为他们心疼孩子，例如看到小小的孩子就要那么早起床上学，还有那么多的作业……他们就心甘情愿地做起孩子的全职保姆，有些父母甚至还会帮孩子洗脸、刷牙。其实，父母的这种做法是不对的，孩子正处于成长的年龄，很多事情是必须经历的。所以，请不要过于心疼孩子，因为你的“心疼”可能会“伤害”孩子。

溺爱会带来孩子的任性

心理学研究表明：溺爱会带来孩子的任性。因为溺爱型的父母，往往是孩子要什么就给什么，他们会想尽一切办法满足孩子的要求，不管这个要求合理不合理，道德不道德。例如，如果孩子说他想要天上的月亮，溺爱型父母明知办不到，也会冒死去试一试。有他们“以身作则”，恣意纵容，孩子自然变得越来越任性。

9岁的荣荣，在学校里总是不断惹麻烦，经常有老师和家长上门告状，无奈，父母带她找心理医生进行咨询。在咨询中，心理医生了解到：她的爸爸妈妈因为家庭经济条件的原因，在35岁时才有了荣荣，因此他们两个发誓一定要给孩子最优越的环境，不能让她经历自己以前经历过的苦难。于是，不管女儿荣荣提出什么要求，他们都会想尽一切办法满足。久而久之，9岁的荣荣就成了家里的小霸王。

譬如，逛商场时，要是女儿看到一件自己喜欢的衣服或者玩具，不管价格怎样，肯定就会缠着父母要买，她的父母也是有求必应；在家里，如果遇到自己喜欢吃的东西，她必定是霸占着不放，除非等她吃够了，父母才能够动筷子；看电视，只要是她想看的，父母绝对不能说半个“不”字；出门游玩时，只要她说自己累了，爸爸必定背着她走路……

最典型的是，荣荣比较喜欢米老鼠，各式各样的米老鼠她已经有了20多个，可是再看到新款的，她还是非要不可。妈妈说：“荣荣，你不是都已经有20多个吗？怎么还要买啊？”荣荣小嘴一撅，不高兴地说：“我要你管呢，想要你买就是了嘛！”听她这样说，父母就会立马满足她的要求。

心理专家告诉荣荣的父母说，荣荣之所以在学校里不断地制造小麻烦，指挥同学做着做那，是因为他们溺爱型的教养方式有问题。“凡事占上风，太想成为关注点，这是很多问题孩子制造麻烦的原因。”心理学家如是告诉他们。

父母错误做法：不惜一切代价，满足孩子的要求

很多父母，对孩子是百般疼爱，处处放纵，时时迁就，要月亮不敢给星星，更有甚者会宠着孩子去骂人，挑吃捡穿，久而久之，孩子的内心深处就会滋生一种以自我为中心的畸形心理。溺爱，对孩子的健康成长和个性发展是极为不利的。很多人认为现在的孩子任性、自私、动手能力差；其中的大多数是因为从小到大受到父母的溺爱、娇惯、放纵等不良的家庭教育造成的。

心理专家建议：对孩子不能有求必应

对孩子有求必应，例如对孩子的物质需求不加约束，这是极其愚蠢的行为。一味地放纵孩子将使孩子难以应对未来人生的挫折。对于孩子提出的种种要求，父母千万不能有求必应，否则，只会让孩子越来越任性。在此，心理专家给父母以下建议。

1. 学会对孩子说“不”

面对孩子的无理、荒唐要求，作为父母一定要学会说“不”。很多孩子在做事之前总喜欢和父母讲条件，例如喜欢穿什么衣服，父母不给穿就不去幼儿园了；看到自己喜欢的东西就要，父母不给买就哭闹不止……对于这种现象，父母一定要坚决地对孩子说“不”。

2. 允许孩子不高兴

很多父母对孩子之所以溺爱，是因为他们不忍心看到孩子生气或者不高兴。在他们眼里，只要孩子高兴，付出任何代价都是值得的。因此，只要孩子稍有不悦，他们就会嘘寒问暖、百般呵护。实际上，喜怒哀乐是一个人的正常情绪体验，没有任何一个人会永远保持笑容。所以，当孩子不高兴的时候，家长不应该一味迁就，而应当理性帮助他调整情绪。

四 手表定律：父母的教育态度要一致

教育子女，如果父母双方采取的是不同的教育态度，常常会使孩子无从选择，甚至陷入矛盾之中。

森林里生活着一群猴子，它们日出而作，日落而息，日子过得平淡而幸福。

一名植物专家考察森林时，把手表落在了树下的岩石上，被猴王捡到了。聪明的猴王很快就搞清了手表的用途，于是，整个猴群的作息时间也由猴王根据这块捡来的表来安排。

从此以后，猴王得到了更多猴子的拥戴。它认为是手表给自己带来了好运，于是每天在森林里寻觅，希望能够找到更多的手表。功夫不负苦心人，它终于拥有了第二块手表。

但是，意想不到的麻烦却来了：两只手表所指示的时间不同，到底哪一个才是确切的时间呢？猴王被这个问题难住了，整个猴群的作息时间也因此变得非常混乱。

的确如此，当只有一块手表时，可以知道确切的时间；但是当你拥有两块或者更多的手表时，却无法知道确切的时间，而且也会让看表的人失去准确判断的信心。在心理学上，这种现象被称为“手表定律”。

手表定律带给我们一种非常直观的启示：

对于任何一件事情，不能同时设置两个不同的参照物，否则将使人不知所措；同样，一个人不能同时选择两种不同的价值观，否则他的行为将陷于一片混乱；一个人不能由两个以上的人来指挥，否则将使这个人不知所措，无所适从。由此我们可以确定，对于孩子，父母的教育态度也一定要一致。

教育态度不同容易让孩子“见风使舵”

很多父母认为，要想管教好孩子，必须是一个家长要“严”，而另一个则要“慈”；一个“唱白脸”，而另一个则应该“唱红脸”。认为只有“一严一慈”，“一软一硬”，相互配合，“软硬兼施”，才能教育好孩子。这种说法，乍一听，似乎有一番道理，好像这是家庭教育最好的搭配和组合。其实不然，这样常常会使孩子犯了错误有空子可钻，出了事情，就会见风使舵，求助对他比较袒护的一方，以致家庭会对他失去约束力。

和很多幼儿园的小朋友一样，小林也喜欢看动画片。一天晚上，小林在看《大头儿子和小头爸爸》，一集刚演了一半，爸爸从书房里走出来对小林说：“林林，已经九点了，到休息的时间了。”小林有些不乐意，但是爸爸仍然坚持要关掉电视。正在这个时候，妈妈从卧室里走了出来，小林立马抱着妈妈说：“妈妈，这集电视我才看了一半，今天晚上我晚一点睡觉好不好？最多半个小时就完了。”妈妈看到小林一副哀求的“可怜”模样，就同意了。小林转过头来得意地对爸爸说：“爸爸，妈妈同意我把这集电视看完再睡觉了。”爸爸摇了摇头，无可奈何地走进了书房。

父母错误做法：家庭教育自相矛盾

从上述案例中，我们可以看到，在小林作息时间这一问题上，他的爸爸妈妈并没有一致的看法。而小林呢，也正好利用了爸爸、妈妈这一不同意见，达到了自己继续看动画片的目的。其实，在教育孩子的过程中，父母会经常发生观念冲突、教育方法不同的情况。他们相互之间很少商量，各行其是，甚至各抒己见，在孩子面前争吵，有时甚至会出现妈妈唠叨、爸爸训斥、爷爷“打圆场”、奶奶袒护、外公外婆充当保护伞的混乱现象。

心理专家建议：父母在家庭教育中要协调一致

著名的教育专家孙云晓认为，在家庭教育中，父母的教育态度、教育方式，以及教育内容等，一定要协调一致，如果教育观念不一致，力量不协调，那么即使“使足劲”，也会互相抵消、毫无进展，甚至会产生负面效果。

的确，因为父母的教育方式的不一致，很多孩子学会了钻空子，把父母分成谁好谁坏，犯了错误、出了事情只告诉袒护他的一方。长期以来，孩子在家里找到了保护伞，致使家庭教育失去了约束力。因此，在家庭教育中，父母一定要达到协调一致。

那么，怎么才能在对孩子的教育中达到协调一致呢？

1．父母之间要及时沟通

在教育孩子的问题上，父母应该做到及时沟通，在达成较为一致的看法之后，再向孩子提出来。例如，上述案例中，当小林的妈妈听到孩子的要求时，最好能够问一下孩子：“那你爸爸的意见呢？”无论是否同意孩子继续看动画片，都应该让孩子明白，这是爸爸、妈妈商量过的、一致的决定。

2．父母之间，谁对听谁的

在教育孩子时，父母应该从有利于儿童身心发展的角度出发，协调夫妻之间的不同意见，坚持谁的对就听谁的。例如，如果小林的父母非常注重培养孩子的时间观念，那么，妈妈就不应该同意小林继续看动画片的要求。父母双方共同的价值观和对孩子的认识，是家庭教育一致性的基础。

3．父母要与祖辈之间协调一致

时代不同，教育观念也必然不一样，父母与祖辈之间在教育孩子的方法上必然存在着不一致。那么，父母以及祖辈就需要学习现代家庭教育方面的知识，转变观念、交换看法、统一观点、互相配合、齐心协力，做好孩子的教育工作。一定要避免教育方针上出现分歧与不一致，而且在教育孩子的过程中即使有矛盾，也要在孩子面前保持冷静，当孩子不在身边时再交流协商，采取合理的策略。

五 感觉剥夺：让孩子自己品尝生活的滋味

一个人如果没有从外界获得足够的刺激和信息，常会思维闭塞、头脑僵化。因此，作为父母，要想避免这些问题的出现，就应让孩子自己品尝生活的滋味。

1954年，加拿大麦克吉尔大学的心理学家进行了“感觉剥夺”实验：在实验中，他给被试者都戴上半透明的护目镜，这样就难以产生视觉；然后利用空气调节器发出单调声音限制其听觉；同时手臂戴上纸筒套袖和手套，腿脚用夹板固定，通过这种方式限制其触觉。

做完准备工作之后，心理学家让被试者单独待在实验室里。几小时以后，被试者开始感到恐慌，进而产生幻觉……在实验室连续待了三四天后，被试者产生了许多病理心理现象：出现错觉幻觉；注意力涣散，思维迟钝；紧张、焦虑、恐惧等，实验后需数日方能恢复正常。

同样，美国心理学家黑伯也进行过类似实验。在实验中，他让被试者单独待在一个小屋里，他看不到、听不到、摸不到外面的世界。如此这样隔离12小时、24小时、36小时、48小时后，再让被试者接受一些简单的数学运算测试，结果发现，隔离的时间越长，测试的成绩越差；严重的甚至难以集中精力、紧张焦虑、思维迟钝，并时不时地出现错觉、幻觉。

不难发现，上述两个实验都给了我们这样一个启示：人的身心要想正常工作，就需要源源不断地得到外界的刺激。而从外界获得各种刺激和信息的活动，就被称为感觉。感觉是一种非常简单的心理活动，然而对于人类而言，它却十分重要。上面的“感觉剥夺”实验就充分说明了这一点。

其实，人的成长和成熟，也是建立在尽可能多地和外界接触的基础上。只有更多地感受到和外界的联系，并加强和改进这些联系，才能够更好地发展。因此，在教育孩子的过程中，父母就应该让孩子充分接触现实，这样才能学到更多的知识，并保持头脑的灵活。

剥夺孩子感觉易造成孩子闭目塞听

成语“闭目塞听”是用来形容与外界隔绝、脱离现实的状态。这种状态对孩子的身心健康和智力发展是极为不利的。因为孩子正处于学习知识的最佳年龄，如果父母为了让孩子多读书，多学知识，而不让孩子接触丰富多彩的外部世界，就很容易造成孩子“闭目塞听”的现象。

一位老师带着几十名小学生到郊外踏青。吃午饭的时候，她发现其中的一个小女孩儿盯着一个煮熟的鸡蛋发呆。于是，老师就走过去，和蔼地问道：“孩子，怎么了，你不喜欢吃鸡蛋吗？”

“我从小就特别喜欢吃鸡蛋。”小女孩儿小声地说道。

“那你今天为什么不吃了呢？”

孩子面带难色地回答说：“这个鸡蛋和我们家的鸡蛋长得有点不一样。”

“不一样，说说看，怎么不一样了？”老师很好奇地问道。

“我家的鸡蛋是白的，软的，好咬。而这个鸡蛋太硬，我怎么都咬不动。”

后来，老师才弄明白，原来她从小就没有见到过煮鸡蛋、剥鸡蛋壳的过程。每次都是大人剥好了，切成两半，放到她面前。难怪她说这里的鸡蛋和家里的鸡蛋不一样。

老师又问女孩儿旁边的几个小同学：“你们知道鸡蛋是怎么来的吗？”

令老师万万没有想到的是，孩子们竟然异口同声地回答道：“知道，是从冰箱里拿出来的。”

父母错误做法：为了孩子学习，拒绝孩子参加实践活动

家庭教育中，很多父母因为害怕影响孩子的学习，很少允许孩子参加实践活动。如此一来，孩子们远离了丰富多彩的世界，几乎从未品尝过生活的酸甜苦辣，变成了只会读书和考试的“书呆子”。例如，很少有父母让孩子

洗衣服、做饭，以及做其他家务等，他们更不允许孩子独自出外旅游，哪怕是一次学校组织的野炊，他们也是提心吊胆。结果，孩子的头脑总是处于一定程度上的感觉剥夺状态，变得越来越僵化，如此一来，对书本知识的掌握也是极为不利的。

心理专家建议：给孩子品味生活的权利

教育学家认为，一个人之所以能够取得成功，智力不是唯一的决定性因素，还需要良好的品德和心理素质，以及坚强的意志力等，而这些很大程度上都是需要从社会实践中获得。古语云："读万卷书，行万里路。"意思就是，一个人要想成功，仅靠从书本上学到的知识是不够的，需要充分地接受外界的刺激，并从实践中验证自己学到的知识，提高自己的做事能力。

作为父母，应该如何放开孩子的手，让孩子自己品尝生活的多种滋味呢？

1. 主动培养孩子动手的习惯

古今中外，很多成功人士，尤其是一些发明家，小时候就有动手的良好习惯。而作为父母，应该主动培养孩子的这一习惯，例如，平时让孩子做一些简单的家务，收拾床铺、洗衣、择菜、洗碗、扫地等；当孩子自制玩具、修理坏电器的时候，父母更应该予以尊重和支持，千万不能打击孩子的积极性。

2. 创造机会让孩子多与外界接触

要想使孩子能够正常生活和良性发展，就应该创造机会让孩子充分接触外界社会。例如，父母应该鼓励孩子主动去和周围的人接触、交友，要经常带领孩子去探寻大自然的奥秘，鼓励孩子做一些他们平时不敢做的事情。这样，孩子不仅能够获得书本上的知识，还能够从实践中得到"活"的知识。

3. 鼓励孩子多参加社会实践活动

父母在平时要鼓励孩子多参加一些社会实践活动，因为这不仅可以丰富孩子的业余生活，还可以让孩子通过亲身体验感受到生活的艰辛，从而激发他们好好学习的上进心和进取心，培养他们适应社会的能力和健康的心态。

六 倒U形假说：

给孩子适当的压力

家庭教育中，父母应当给孩子适当的压力。压力太大，容易使孩子焦虑、紧张；没有压力，容易让孩子处于松懈状态。

最早研究工作压力与工作业绩之间关系的科学家耶基斯和多德林，在他们早期的研究中发现：工作压力与业绩之间存在着一种倒U形关系，这就是著名的“倒U形假说”，也称“耶基斯和多德林法则”。

倒U形假说认为：对于处在各种工作状态的人来说，过大或过小的压力都会使工作效率降低，只有最佳的刺激力才能使业绩达到顶峰状态。因为，压力较小时，工作缺乏挑战性，会使人处于松懈状态；当压力逐渐增大，成为一种动力时，它激励人们努力工作，逐步提高工作效率；当压力等于人的最大承受能力时，人的效率达到最大值；但如果压力超过了人的最大承受能力，压力就会成为阻力，效率也随之降低。

的确，良性的压力会驱使人们工作更加卖力，把事情做得更好。世界网坛名将贝克尔之所以被称为“常胜将军”，其秘诀之一就是在比赛中自始至终防止兴奋过度，保持着中度兴奋状态。所以有人亦将“倒U形假说”称为“贝克尔境界”。而负面压力或压力过重则会带来不良影响，引起生理和心理上的病症。

同样，在孩子的学习过程中，如果压力过大，长期处于紧张状态，学习效率就会越来越低。父母必须重视这一效应，采取有效措施，不要对孩子提出过多、过高的要求，设法帮助孩子按时完成任务，适当缓解孩子的紧张情绪，这样不仅能让孩子学得愉快，还能够让孩子学得牢固。再者，父母不能因为害怕压力成为孩子的负担，而疏于对孩子的管理，这样会滋长孩子的惰性，不利于孩子进步。

压力过大容易让孩子表现失常

现代社会，孩子的成功欲望特别强烈，原因之一就是因为他们承载着来自父母过高的期望。现在的孩子大多都是独生子女，就这么一个宝贝疙瘩，当然要花尽心思，把他培养成一个天才，坚决不能让他输在起跑线上。因此，父母对孩子寄予了太大的期望，施加了过大的压力。殊不知，这种过大的压力反而给孩子的成长带来了负面的影响。

小刚已经连续两年参加了高考，但都因为过度紧张而发挥失常，如果按他平时的成绩来推测，他完全可以进重点院校。

考试的时候，刚刚发下试卷，他突然想起父母平时经常对他唠叨的话："儿子啊，你一定要好好学习，考上重点大学才会有好出路。"想到这句话，他突然间就变得紧张起来，差点忘记自己的名字怎么写。尤其是考英语的时候，有一个单词他从来没有见过，忍不住心跳加快、呼吸急促、神情慌乱，以致双眼模糊，看不清试卷，结果本来擅长的科目考得一塌糊涂，最后以2分之差与心仪的学校失之交臂。

无奈，他选择复读。在复读的一年时间里，父母却对他施加了更多的压力，寄予了更大的希望，而小刚的精神压力也随之增大，想到父母对他的期待，他就有一种崩溃的感觉。又是一年高考，一进考场，他又被笼罩在一种无形的紧张气氛中。结果第二年的考试成绩还不如第一年。

父母错误做法：寄予孩子过高的期望

望子成龙与盼女成凤，是每个父母的最大愿望。于是乎，他们一味地希望孩子比父母强，或者对孩子的成长与学习预期过高，时间一长，必然在孩子心中形成一股无形的压力。而孩子们之间也往往会交流这些由父母和社会其他方面传递来的压力，并在言语中互相渲染。天长日久，这原本很正常的压力，也会超出了孩子们的心理承受能力，从而让孩子们承受了很多在他们这个年龄段本不该承受的焦虑与恐慌。

心理专家建议：给孩子的压力要适当

教育专家周弘曾经说过：“宁要快乐的傻子，不要忧郁的天才。并不是所有的孩子都是天才，所有的家长都把钱放在孩子的应试教育上，这是很严重的浪费。应使孩子从‘天才’教育的重压下逃脱出来，获得人生应得的快乐。”那么，孩子怎么才能从重压下逃脱出来呢？最重要的一点就是父母应该遵循“倒U形假说”，给孩子适当的压力。在此，给父母以下几点建议。

1．改善自己的观念

父母要加强自身修养，改变自己的思想观念，不要以为强压之下孩子被征服了，就是最大的成功。这绝对是教育方法中的下下策，对孩子没有什么好处。幼小的心灵承受不起太大的压力，天真活泼的孩子本来是应该自由自在的，太大的压力只会让孩子宝贵的童真过早地逝去。

2．别让孩子做不喜欢的事情

很多时候，父母总喜欢用自己的地位和权利，去命令孩子们做他不愿意做的事情，要知道，这种逼迫与强制只会增加孩子的痛苦，父母也许是痛快了，但孩子却无论如何也快乐不起来。孩子背负着这种强加在身上的压力，长期下去难免不出现问题。

3．根据孩子的实际设定期望值

教育心理学认为，积极、恰当的期待，才会对孩子产生良好的激励作用。所以，家长应该根据孩子的性格和学习特点，对孩子提出恰当的期待和要求，只有如此，才能产生良好的“期待效应”，让孩子可以更加快乐自由地成长。

4．给孩子充足的玩耍时间

据有关调查表明，发达国家的孩子90%以上课余时间都在玩儿，而中国的孩子一周玩耍的时间平均才9个小时，有80%的孩子课余时间都用于学习。由此可知，中国的孩子是多么的不自由。父母不要整天把孩子绑在书本前，剥夺了孩子玩的时间，那样，孩子肯定不能够健康成长。

七 天赋递减法则：

教育孩子越早越好

人的天赋是随着年龄的增大而递减的，教育开始的越晚，孩子最终所能发挥出来的潜能就越少；因此，教育孩子越早越好。

植物学家研究发现，一棵橡树，如果它能够充分地生长，应该可以长到30米；但事实上，我们通常所见到的橡树是12～15米，如果环境不好，就只能长到6～9米了；如果肥料充分，再加上精心培育，则可以长到18～21米，甚至是24～26米。

这与教育孩子是一个道理。一个孩子，如果他的天资可以充分发挥，最终可以具有100分的能力。如果放任不管，就只能成为具有30分能力的人，他的潜能只发挥出一小部分；如果对他进行适当的教育，他的能力就可以达到60分、70分，甚至是80分。同时，教育专家的另一份研究表明：如果从5岁开始教育，即使非常理想的教育，将来也只能具有80分的能力；如果从10岁开始教育，就只能具有60分的能力。

上述现象被归纳为“天赋递减法则”。的确，对于父母来说，教育孩子是越早越好的，因为随着孩子年龄的增大，他的天赋就会降低。例如儿童的语言天赋在6、7岁时开始枯竭，语言能力在接近8岁时就开始渐渐消失了，不仅如此，就连其他的才能也都开始退化。孩子们的音乐天赋在1岁5个月时出现，约在8岁时结束；文学才能与绘画才能也是这样递减的。

早教方能出天才

天才儿童不是天生的，是早期教育和生长环境影响的结果。孩子们在幼年时能学习、掌握到的知识比人们想象的要多；孩子们能够很轻松地学习各种知识；世界上恐怕再也找不到像孩子这么善于用脑工作的人了。无论是出自何种原因，孩子天生的好奇心受到抑制后，他就会变得自闭，这对孩子的一生来说是巨大的损失，而且永远无法弥补。因此，父母在教育孩子的过程中，如果遵循天赋递减的规律，则会让孩子成为“天才”的概率大一点。

幼儿潜能开发专家、心理学家、教育家、医师、脑科医生们对正常孩子的脑部进行全面研究，得出以下结论。

(1) 幼儿越接近0岁就越具有可开发的语言能力和旺盛的求知欲，从2岁起就具有阅读能力。

(2) 幼儿具有强烈的学习欲望。在6岁上小学之前，儿童的大脑具有惊人的容量，能吸收很多知识，这些吸收量甚至比他们在以后的人生中所能学习到的还多。而成人往往会在不经意中限制了他们学习能力的发展。

(3) 对孩子来说，学习是件非常快乐的事情。

(4) 儿童的大脑具有魔术般的吸引力，这种能力从胎儿时期就已经开始发育，8岁时到达顶点，决定性的学习时期是1～5岁。如果教育得当，儿童在这个时期内可以轻松地掌握5个国家的语言。

(5) 孩子的智能在8岁前就已经固定了，他的学习能力会随着年龄的增长而降低。

(6) 2岁的儿童与7岁的儿童的阅读能力基本一样。

(7) 读书可以促进脑神经的发育，不会造成不好的后果。不是因为孩子聪明才让他早读书，而是从小读书才会变得聪明。限制阅读能力就是限制孩子的智力发展。

国内外教育家、心理学家曾做过大量的实验与研究，认为，孩子越接近0岁潜在能力越巨大，若能抓住这个关键时机并给予适当的教育，那孩子们的潜能将全面开花，并结出丰硕的果实。但若忽略而过，这些潜能就会像风一样迅速消失，且永不再来。

莫扎特的父亲是当时著名的宫廷演奏家与优秀的作曲家。莫扎特还是婴儿的时候，他的父亲为了培养他的乐感，每天都让他听五首不同旋律的钢琴曲。在姐姐玛丽安7岁时，父亲开始教她弹羽管键琴（钢琴的前身）。当时年仅3岁的莫扎特在一旁看姐姐练琴。看着看着，莫扎特就开始对羽管键琴表现出浓厚的兴趣。

这引起了他父亲的注意，于是他父亲马上开始教他键琴入门。经过这样的教育，莫扎特在3岁时就可以登台演出了。莫扎特的进步是惊人的。在父亲的指导下，他5岁开始创作小曲，6岁开始创作钢琴协奏曲。很难想象，如果不是父亲的精心培养，莫扎特的潜力恐怕不能被如此快地发掘出来。

父母错误做法：对“早期教育”的认识有偏差

前苏联教育家马卡连柯认为：“教育的基础主要是5岁以前奠定的，它占整个教育的90%。”意大利教育家蒙台梭利则强调：“儿童出生后头三年的发展，其程度和重要性，超过儿童一生的任何阶段”。现在大多数家长都知道了早期教育的重要性，但不少的家长并未真正理解早期潜能开发的含义，致使对儿童的教育和潜能开发出现种种问题和偏差。

1. 理解上的偏差

缺乏系统的科学理论指导。总是一味地教儿童识字、数数、背唐诗宋词；或者给孩子报美术班、舞蹈班、音乐班，结果是以知识代替智力，以局部能力培养取代整体潜能的开发。

2. 手段上的偏差

滥用奖惩便是其中的表现形式之一。例如，用金钱或物质来刺激儿童的学习欲望，使儿童的活动局限于物质奖励本身；把对潜能的开发降低为家庭作业的布置与完成，若孩子稍不及时，则滥加惩罚，从而忽视了儿童内在的学习动机与学习兴趣的激发和培养。因此贻误了潜能开发的契机，阻碍孩子创造性思维的发展。

心理专家建议：注意早期教育的方法

儿童的早期智力开发，决定其一生的成就，如果早期教育的基础打得好，以后的发展起点就高，成才的可能性就大一些。生活中，这样的例子也是数不胜数。但是在教育孩子的过程中，一定要注意改变自己的观念和教育方法。为此，父母应该注意如下。

1. 不要担心早期教育会累坏孩子

很多父母可能会认为，对孩子进行过早的教育，可能会把孩子的大脑累坏。教育专家周弘先生在他的一篇报告中提到：现代心理学、脑科学研究表明，0～3岁宝宝的脑细胞发育已达成人的50%～60%，3岁前宝宝大脑以及心理的发育，可以用原子裂变来形容。如果在这个关键时期开发宝宝的各项潜能，可以收到事半功倍的效果。担心早期教育会累坏孩子更是没必要的，因为大脑有保护机能。

2. 在游戏中开发孩子潜能

在对孩子进行早期教育的过程中，教育专家周弘建议父母在游戏中开发孩子的潜能。例如，父母可以在家里拉一条绳子，距地面大概50厘米，或者更低。然后，父母可以在前方假设一个碉堡，并和孩子“并肩作战”，以匍匐前进的方式发起“进攻”，通过爬、钻、跑、翻等一系列动作发展孩子的运动和身体潜能。

3. 培养孩子的好奇心

教育孩子，父母应该刺激孩子的反应性，培养孩子的好奇心。比如，鼓励孩子摸一摸，动一动可爱的小猫、小狗或能使孩子感到好奇的东西，给他感知自由，他会慢慢了解很多东西。这种主动的学习比起家长的被动灌输来，孩子易接受得多。有些教育可以适当提前，比如，早点教孩子讲话，增加一些语言刺激反应等，都会收到不错的效果。

八 木桶定律：让孩子全面地发展

一只木桶盛水的多少，取决于桶壁上最短的那块木板；同理，决定一个人成败的关键往往是他的劣势。因此，教育孩子时，应该注重他的全面发展。

战神阿喀琉斯是希腊神话中的一位英雄，他的母亲是海神的女儿忒提斯。传说他出生之后，母亲白天用神酒搽他的身体，夜里在神火中煅烧，而且还提着他的脚跟把他浸泡在冥界的斯得克斯河中，使他拥有了刀枪不入之身。

但是由于在河水中浸泡时他的脚跟必须被母亲握着，因而没有被冥河水浸过，所以留下全身唯一可能致命的弱点。阿喀琉斯长大后，在特洛伊战争中屡建奇功，所向无敌。后来特洛伊王子帕里斯得知了阿喀琉斯这个弱点，就从远处向他发射暗箭。帕里斯是位神射手，很多希腊英雄如克勒俄多洛斯等都死在他的箭下，因此这一箭正好射中阿喀琉斯的脚跟，这位大英雄在瞬间毙命。

劣势决定优势，劣势决定生死。这位大英雄的死，正是这一点点的不足而导致的。这与“木桶定律”是同样的道理。“木桶定律”又称“短板效应”，是指一只水桶能盛多少水，并不取决于最长的那块木板，而是取决于最短的那块木板。同理，决定人成败的因素往往是他的劣势。基于这个原理，在家庭教育中，父母就应该懂得要想让孩子健康、茁壮的成长，就应该让他全面地发展。

不要剥夺孩子的权利

“望子成龙、盼女成凤”是天底下所有父母的心愿。但是孩子也有自己的主观意识与想法，如果父母什么问题都替孩子考虑，什么事情都由父母代劳，那么等孩子长大后独自面对自己的人生的时候，就会无所适从，难以适应。只有他身体心智等各方面条件都具备了，只有补齐最短的“木板”，才能让孩子有更大的收获。

王浩从幼儿园开始，他的父母就给他找了家庭教师。他很少像小伙伴那样有时间玩耍，经常从学校回来就被父母盯着学习。似乎在他的生活中，除了学习就没有其他的事情可做。在上大学之前，他从来没有洗过衣服，更没有做过饭，甚至电脑游戏他都不会玩。

不过，他的父母并不认为这有什么不妥，他们的观点是，只要孩子学习好，自然会有好的前途，其他一切都是次要的。然而，等王浩上了大学之后，不得不学习着独立生活，这个时候他才发现自己的生活能力很差，没有父母的照顾什么都做不好。时间越长，他越觉得自卑，最后竟然发展成了抑郁症。

父母的错误做法：认为学习好就代表一切都好

在很多父母的意识里，总是认为只要孩子学习好将来就会一切都好。于是，学习成绩成了他们衡量孩子健康发展的唯一标准，至于其他，如独立生活的能力、良好的思想品德、健康的心理等方面都可以略去不计。而结果呢，一个连自己都照顾不了的人还能指望他去照顾谁？没有良好的思想品德，谁能保证他不会做错事？没有健康的心理，怎么能够健康地成长？的确，孩子的学习成绩很重要，但是健康成长更为重要，如果不能全面发展，学习成绩再优秀的孩子也很难有美好的未来。

心理专家建议：教育孩子，不能顾此失彼

有人将孩子比喻为一棵树，他各方面的能力和素质就好像树的枝和叶，枝叶繁茂的树才是健壮的树；同理，素质全面的孩子才能称得上是健康的孩子。然而，现实生活中，很多父母往往把目光盯在孩子分数这一根树枝上，而忽视了其他的树枝。试想，只剩下一根枝的树还能称得上是树吗？所以，父母在教育孩子时，应该注意让孩子全面发展。

如何让孩子全面发展呢？《当代教育家庭报》给父母列举了以下几条建议。

1．在品德方面，鼓励孩子向上向善

注重培养孩子善良正直、诚实勇敢的品质，鼓励他孝敬长辈、帮助同学。做洗碗、扫地、择菜等家务劳动。凡是学校组织公益活动或班级、同学需要支持，一律要求孩子全力以赴。父母要监督孩子不说假话，勇于认错；不管多大的错误，父母应该给孩子讲明道理，不应采取打骂等粗暴的方式。

2．在学习方面，鼓励孩子自己解决问题

学习上遇到问题的时候，要求孩子尽量通过工具书自己解决。闲暇时间，鼓励孩子多去图书馆，作业做完后引导孩子根据兴趣有选择地进行课外阅读。同时，帮助孩子寻找高效率的学习方法。

3．在物质方面，拒绝孩子的奢侈要求

应该适当地让孩子吃一些苦，适当地限制孩子一些物质上的需求，这样有助于孩子更好地理解生活的艰辛。例如，对于一些高档、奢侈的玩具、衣物等，就应该予以拒绝，不管孩子怎么央求，父母都不应该松口。

4．在兴趣爱好方面，鼓励孩子努力追求

如果孩子对某方面产生兴趣，例如孩子喜欢音乐、美术、书法等，就应该鼓励孩子努力去追求，而不应该只关注孩子的学习成绩。如果一味地把目光聚集在孩子的分数上面，结果可能会造就出高分低能的、心理和人格不健全的孩子。

第二章

不懂得尊重，就不懂得教育

教育的前提是了解孩子，而了解孩子的前提是尊重孩子。因此，为人父母者在教育孩子的过程中正确做法是，尊重孩子的想法，给孩子一个宽松、自由的生活环境，支持他们做自己喜欢做的事情。

一 角色效应：
父母应该扮演什么样的角色

合格的父母应该是孩子的——言行的示范者、知识的启蒙者、称职的指导者、心理保健师、知心朋友。

在电视和电影里每个演员都要扮演不同的角色，而且这些角色还要根据导演的指挥与安排进行表演。在社会心理学中，也有“角色”一词。这个“角色”以社会为大舞台，广泛应用于人际关系研究和实践，主要是指人在特定社会条件下，在一定群体中，包括家庭中的身份、地位以及相应的行为表现。

美国著名心理学家欧文·戈夫曼说：“真实生活情境和舞台上戏剧情境之间有相似之处，每个组织中的人们都要扮演一定的角色，许多相互作用的因素，帮助人们明确地决定每个角色接受哪一种‘表演’。”

换句话说就是，社会角色是有着规范性的，这种规范性使人们的表现对于别人来说，就像看电影一样，可以让别人借此了解这个人的情绪、动机，还有个性特征，并做出相应的反应。倘若没有这些规范，人们在面对别人的时候，就会感到不知所措，而社会机制也不能正常运行。

所以，人们在与他人交往时，只有扮演好自己的社会角色，才能被社会认可，才能拥有和谐的生活，美满的事业。这种现象在社会心理学上被称为“角色效应”。

在社会交往中，如果扮演不好自己的角色，则会带来一系列的问题，比如，与朋友相处，就不能表现得像个恋人，否则会引起对方恋人的不满；在上级面前，就不能表现得像个领导，那是职场中的“越位”；在长辈面前，就要对他们尊重，否则就成了不懂礼节、没有教养的孩子了。同理，作为父母，在家庭教育中就一定要表现出一个父母的样子，把父母的角色演绎到位，否则就不是一个合格、称职的父母。

角色扮演不当，有碍孩子成长

很多人在荣升父母之后，才明白做父母的不易。事实的确如此，家庭教育也是一门高深的学问。为了掌握这门学问，父母有必要学习有关家庭教育的各方面知识，这将有助于父母掌握孩子的身心发展规律，提高家庭教育质量等。其实，要想成为合格的父母，首先就需要把父母的角色扮演到位。否则，孩子非但不承认你是他的父母，甚至还会把你当成他的仇人。

以下是一位母亲的亲身经历。

女儿4岁半的时候，我为她买了一架钢琴，原因是见到别人的孩子都学钢琴，也想让自己的孩子变得高雅起来，于是请了老师教女儿学琴，其实孩子真正喜欢的是舞蹈。在我的监督下，孩子每天坚持练习，但事与愿违，不仅没有培养出她对钢琴的兴趣，反而增强了对钢琴的厌恶感，我只是一厢情愿地认为只要时间长了就好了。

一天上午，我领着女儿过马路，一辆小汽车疾驶而来，我学着孩子的声音说："小汽车，快快驶过，别碰宝宝！"话刚说完，女儿便说："小汽车，快快驶来，把我妈轧死吧！"我顿时目瞪口呆，心里难过极了，我的头脑一片空白，不明白小小的孩子为何如此恨我。

我领着女儿跌跌撞撞地走回家，把女儿叫到身边问她："为什么希望妈妈死掉？"孩子天真地说："那样我就不用练琴了！"

父母错误做法：按自己的意愿规划孩子的成长道路

很多父母在教育孩子的过程中，常常是把自己的意愿强加到孩子身上。例如上述案例中的妈妈，她的女儿并不喜欢练琴，正因为母亲把这种意志强加给她，便造成了她的不开心和痛苦。不过，值得欣慰的是，那位母亲在认识到自己这一错误之后，很快决定尊重女儿的意愿，不再逼女儿练琴。在这之前，这位母亲其实是扮演了一位专制者的角色。除此之外，还有很多父母扮演了以下几种错误角色，这些角色的扮演都极不利于孩子的成长。

1．指挥者

这种类型的父母喜欢控制所有的事件，并且企图去扭转一切负面的情境。例如面对哭泣的孩子，他们会自然地警告孩子说："不准哭了！再哭……"

2．万能者

这种类型的父母会表现出一副无所不知、无所不晓的态度，喜欢向孩子炫耀他们丰富的人生经历，而采取的沟通方式通常是：说教、忠告、教训。他们的目的是要子女认为他们是如何地优秀。例如，他们会经常对孩子说："想当年，我在你这个年纪就……"

3．审判者

这些父母甚至不经审判就已宣告孩子有罪，其目的是想证明自己永远是对的，而错的永远是孩子。最常听的实例就是他们会这样对孩子说："成绩这么差，一定是你不用功。"

4．批评者

就像审判者、指挥者、万能者一样，担任此种角色的父母最喜欢以苛刻的标准来挑剔子女的行为，并且用嘲笑、讽刺、诽谤和开玩笑的方式来压制孩子的欲望。例如，他们会批评孩子说："你以为你长大了，翅膀硬了，想飞是不是？"

心理专家建议：父母应该扮演这样的"角色"

古语云："子不教，父之过。"如果父母在教育子女上做得不好，那就是"不良父母"，对孩子的健康成长也会造成很坏的影响。所以，已拥有孩子的父母们，一定要扮演好自己的角色，教育好自己的孩子，在学习与实践中把自己训练成合格、称职的标准型父母。教育专家周彤认为，如果父母能够把下面的几种角色扮演好，就可以称得上是合格的父母了。

1．言行的示范者

要做好父母，当好家长，父母必须时刻注意自己的言行，这就需要父母做好自我教育。列夫·托尔斯泰说："教育孩子的实质在于教育自己，而自我教育则是父母影响孩子的最有利的方法。"也就是说，父母时刻都在为孩子做出模范和榜样，影响着孩子的言行。

2．知识的启蒙者

这里所说的知识范围比较广，包括科学文化知识，还有社会生活方面的知识，如自我管理、自我保护、与人交往、承受挫折、聪明理财、心理调节等。父母是孩子的第一任老师，必须做这些方面知识的启蒙者。

3．称职的指导者

要扮演好父母这个角色，就必须根据社会规范的要求和孩子的成长特点，让孩子树立正确的学习观念，教孩子掌握高效的学习方法，培养孩子浓厚的学习兴趣，指导孩子发展良好的性格心理品质，使孩子在德、智、体、美、劳等方面得到全面发展。忽视了任何一个方面的指导，都不能算是称职的指导者。

4．心理保健师

家庭是孩子成长的园地，它更广泛地影响孩子心理的发展。因此，作为孩子的父母，不仅自己要有健康的心理，还要懂得相关的心理保健知识，以维护孩子的心理健康。当孩子心理出现问题时，父母要帮助孩子矫治心理上的各种异常，问题严重的，则要求助于心理医生。

5．贴心朋友

父母不仅要站在家长的角度上照料、指导孩子的生活与学习，还要像贴心朋友一样关心孩子，与孩子进行心与心的沟通，支持并满足孩子的合理需求，以平等的心态去关注孩子的想法与创意、失败与成功。

二 破窗理论：

给孩子一个好的生活环境

“近朱者赤，近墨者黑”，良好的教育环境能够弥补孩子的先天不足，诱发孩子的潜能。因此，父母应该尽可能地给孩子创造一个良好的生活环境。

美国心理学家詹巴斗曾经做过一个非常有趣的试验：他把两辆一模一样的汽车分别停在秩序良好的街区和环境相对杂乱的街区。一周之后，他发现停在秩序良好的街区的那辆汽车完好无损；而另一辆，他摘掉车牌，打开顶棚，结果不到一天车就被人偷走了。后来，他把那辆完好无损的汽车敲碎了一块玻璃，结果，仅仅是几个小时的时间，车就不见了。

在这个试验的基础上，美国政治学家威尔逊和犯罪学家凯林提出了“破窗理论”，他们认为，如果有人打坏一栋建筑上的一块玻璃，又没有及时修复，别人就可能受到某种暗示性的纵容，去打碎更多的玻璃。久而久之，这些窗户就会给人造成一种无序的感觉。结果，在这种麻木不仁的氛围中，犯罪就会滋生、蔓延。

之所以会造成这种现象，主要原因是环境对人的心理具有强烈的暗示性和诱导性。科学家经过研究发现，人的大脑发育过程是不断发展、不断变化的，因为它必须适应环境，并对环境产生反应。而在孩子成长的过程中，环境对其也起着不可忽视的作用，孩子的成长离不开环境，就像植物成长离不开阳光雨露一样。因此，作为父母，应该尽可能地给孩子创造一个良好的生活环境。

近朱者赤，近墨者黑

“北人善骑，南人善泳”，环境在一个人的成长过程中起着非常重要的作用。因为人不可能孤立在环境之外，他必然要在一定的环境中与各种各样的人或事打交道。在这样的过程中，人要受制于环境，环境境况如何，将直接对人产生影响。因此人们常说“近朱者赤，近墨者黑”。教育孩子尤其如此，因为孩子的社会经验很少，还没有自己独立的思想，正处于模仿的关键时期，更容易受到环境的暗示和诱导。

某幼儿园小一班，在中午用餐前，老师叮嘱幼儿用餐时要注意保持桌面干净，并让幼儿将骨头等放入盘中，之后组织用餐。用餐过程中，老师又多次提醒幼儿要注意保持桌面整洁。餐后，老师对吃饭干净的幼儿及时给予表扬，对个别不注意卫生的幼儿给予了批评。保育员等幼儿用完餐后，将桌子擦干净。

一段时间后，小一班的幼儿用餐卫生习惯却不尽如人意。餐桌上到处是菜汤、米粒，吃过的骨头扔得桌子上、地上到处都是。

小二班，幼儿用餐前的程序与小一班完全相同。但在幼儿用餐过程中，保育员只要发现桌上脏了，就过去将桌子擦干净，并帮助幼儿将骨头等放入盘中。此时，老师对吃饭干净的幼儿及时给予表扬。

经过相同的时间，小二班的幼儿能将骨头等物主动放入盘中，当幼儿不小心将东西掉在桌上、地上时，能主动捡起放进盘里。

生活组织环节相似，为什么效果如此截然不同呢？小一班，保育员对于最初弄脏桌面的幼儿没有及时给予制止，这无疑使弄脏桌子的幼儿受到某些暗示性的纵容，而其他幼儿在这样的氛围中会觉得：反正桌面已经脏了，再弄脏点也没有关系。而小二班，保育员随时擦桌子、帮助幼儿将骨头放入盘中的行为，对弄脏桌面的幼儿来说，是一种无声的批评。破窗理论给予我们的启示：在孩子的常规培养中，父母及老师要注意为孩子创造良好的环境，要善于营造“此时无声胜有声”的氛围。

父母错误做法：忽视环境对孩子的影响

家庭教育中，家庭生活的点点滴滴和父母的教育行为，无不对孩子的学习和生活产生潜移默化的影响和熏陶。但是很多父母总是意识不到这一点，他们一方面要求孩子不应该怎么做，另一方面却创造出不适宜的环境。例如，有的父母白天上班很累，晚上回到家里喜欢看电视，在这种环境中，即使他们强行禁止孩子看电视，也是无济于事的；再者，有的父母整天要求孩子不玩电脑游戏，而自己则常常玩到深夜，在这种环境下，孩子对电脑游戏肯定是越来越好奇……

心理专家建议：让孩子在良好的环境下茁壮成长

尽管个人成才的主要因素是主观努力，但也离不开客观环境的影响。周围人的行为常常会对一个人产生相应的影响。家庭环境对于培养儿童良好的性格，塑造美好的心灵等方面也有着不可忽视的作用。苏联著名的教育家布卢姆也曾经说过："家庭环境对学生如何学习有巨大影响，它与教师或课程质量同样重要。"

父母应该如何给孩子创造一个良好的生活环境呢？

1. 以平常心看孩子

现在的孩子多为独生子女，家长"望子成龙"的意愿强烈，造成了多数家长对孩子期望值过高的现象。这样做不但不能刺激孩子强烈的求知欲，反而很有可能增大孩子的压力。其实，父母最重要的是努力培养孩子做事一丝不苟、尽心尽力的态度，对孩子，不应该盲目强行要求，以平常心看孩子，孩子会过得更轻松、更愉快。

2. 制订合理的作息时间

什么样的家庭环境对孩子的成长有利呢？一些教育家在所做出的许多回答中有这样一条：大家都按一定的时间吃饭、睡觉、娱乐、工作和学习。因此，我们应该尽可能地制订一个家庭作息时间，使全家人努力遵循。不必担心规律的生活，会使孩子成为墨守成规、机械呆板的人；相反，他将因为从小生活在一个充满节奏感的环境里，身体强健，精力充沛，遇事沉着，遇到特殊情况也能灵活处理。

3．多与孩子交流、沟通

很多父母总是以“忙”为借口，忽视与孩子的交流。事实上，与孩子随时都可以进行交流，如早晨可以一边收拾东西，一边问孩子今天有什么活动安排，提醒孩子应该注意点什么；晚上回到家里，准备晚饭或吃饭时，和孩子坐在一起说说今天发生的事，一起享受生活的乐趣。这样会让家庭环境更加轻松、和谐。

三 鱼缸法则：孩子的成长需要自由

鱼缸里的鱼是永远也长不成大鱼的，因为它们缺少自由；同理，孩子的成长也需要自由，否则再茁壮的树苗也长不成参天大树。

美国某著名公司的写字楼大厅里，摆放着一个漂亮的鱼缸，里面养着十几条产自热带的、异常漂亮的杂交鱼。据说，它们永远也长不大，因为它们已经被喂养有足足两年的时间了，依旧和刚来的时候一样只有三吋来长。

它们在鱼缸里快乐地生活着，时而游玩，时而小憩，吸引了很多人的目光。一次，老板调皮的儿子来公司找他的父亲。好奇的孩子欣赏了一会儿之后，想抓一条出来。可能是用力过大，鱼缸被他从桌子上推了下来。

霎时，十几条鱼可怜兮兮地躺在地上苟延残喘，情急之下，人们把它们放进了写字楼前面的喷泉池里。两个月后，一个新的鱼缸被抬了回来，当工作人员去喷泉池里捞那些鱼时，非常惊讶地发现，那些鱼竟然由原来的三吋长到了一呎。

这种现象引起了很多人的好奇，他们有的认为喷泉池里的活水有利于鱼的生长；有的则认为是喷泉水里矿物质促进了鱼的生长……总之是众说纷纭。后来，养鱼专家的一句话道破天机，那就是喷泉池要比鱼缸大得多。在心理学上，这种现象被称为“鱼缸法则”。

对于孩子的教育，事实上也是这样。因为孩子和鱼一样，成长都需要自由的空间。要想使孩子长得更健康，更茁壮，就一定要给他活动的自由，而不要把他们拘泥于一个小小的“鱼缸”里，否则，再茁壮的树苗也长不成参天大树。

没有自由就没有快乐

很多父母在教育孩子的时候总是有意无意间限制了孩子的自由，其主要原因就是希望培养出一个学习成绩优秀的，能够让他们省心的、少惹是生非的，像个小大人一样规规矩矩的孩子。在这种目标的指引下，如果孩子不听他们的话，他们就会想办法强迫孩子服从命令，使孩子的行为与自己的要求保持一致。结果呢，没有自由的孩子逐渐丧失了自主性、独立性，做什么都唯唯诺诺，遇事情没有一点主见。

7岁的乐乐已经是小学二年级的学生了。他所就读的学校离家也就一站路的距离，每次放学邻居家的小朋友都是结伴步行回家，可是，乐乐却不能够加入他们的队伍。因为妈妈对他有严格的规定：家里人不来接他，他就不能回家。不仅如此，即使周末的时候，也不准乐乐出去玩，学校组织的春游，他也不能参加……总之，乐乐什么时间该做什么，早就被爸爸妈妈安排好了。而他，就好像是笼子里的小鸟一样，每天只能眼巴巴地看着外面的世界，自己却没有一点自由，也感受不到生活的快乐。

父母错误做法：为了孩子的安全，牺牲孩子的自由

现在的孩子多是独生子女，父母限制孩子自由的做法多是为孩子的安全着想。例如，很多父母担心孩子在放学回家的路上会被车撞了，或者挤公交的时候会被挤了，就不允许孩子自己回家；还有的父母担心孩子会惹是生非，就不允许孩子和小伙伴们在外面玩；有的父母担心孩子会遭遇不测，就不允许孩子跟班集体一起去参加野炊等。

上述案例中，乐乐的父母之所以给他设置了过多的规则，其主要原因就是担心乐乐会出现危险。我们不能否认，父母的这一出发点是好的，但是由此剥夺孩子的自由则不仅限制了孩子自主性的发展，还严重地伤害了孩子的自尊心。没有规则的自由是放纵的，但如果订下的规则没有自由则是不近情理的。

心理专家建议：教育孩子，一定要懂得放手

陶行知先生有一次到武汉大学讲教育，进教室的时候抱着一只母鸡，听众都莫名其妙，不知道老先生要干什么。只见他不说一句话，把鸡放在讲桌上，按住鸡头，掰开鸡嘴，抓了一把米强行喂给鸡吃，无论怎么喂它也不吃。之后，他放开鸡，离开一段距离，那只鸡吃了起来。陶行知这才开始演讲，他说教育孩子跟喂鸡是一个原理，它的全部奥秘在于解放孩子，给孩子自由。

如何给孩子自由呢？心理专家给父母以下几条建议。

1. 尽量不用命令的语气

父母在教育孩子方面，如果父母使用命令的方式，强制性地要求孩子什么可以做，什么不可以做，会让孩子陷入无奈的境地，导致他们更多的反抗。相反，如果父母在自己的要求中带有尊重，维护孩子的自主性，给孩子自由选择的权利，孩子对父母的反抗就会少一些。

2. 给孩子玩耍的时间

美国儿科学会发表的报告指出，孩子必须有充足的时间来自由玩耍。报告指出，没有组织和计划的玩耍不仅可以给孩子足够的时间来适应新环境，也能激发他们的创造力，让孩子们发现自己真正感兴趣的东西。他们还可从玩耍中获得社会生存技巧，这样有利于进一步培养他们的情感、社交以及认知能力。

3. 给孩子一点时间与空间去做自己喜欢做的事情

教育学家认为："一个有求知欲的孩子总是需要满足自己的学习欲，但更重要的是，他要有自己的时间和空间来放松自己，不过这跟无所事事、没有目的地浪费时间是不同的。"的确，如果没有给孩子一些完全属于自己的时间与空间，孩子就没有机会去发挥自己潜在的爱好和兴趣。

四 南风效应：宽容比惩罚更有力量

孩子成长的过程中，难免会出现错误，如果你想要孩子认同你的意见，就该站在孩子的角度去考虑他们遇到的问题，体谅他们并给他们改正错误的机会。

一次，北风和南风争执不休，它们都认为自己的力量比对方强大，彼此都对对方表示不服。最后，它们决定比试一下，如果谁能把行人的大衣脱掉，谁就是强大者。

北风轻蔑地看了看南风，然后鼓足了劲，呼呼地吹着，直吹得冷风飕飕。可是，北风刮得越是厉害，行人愈是把自己的大衣裹得紧紧的，因为他们要抵御北风的侵袭。北风吹了很长时间，还是没有吹掉行人的大衣。

接下来是南风。与北风的凛冽不同，南风是徐徐吹动，轻柔温暖。霎时间，天气变得风和日丽，温度也一点点地升了上来。行人们觉得一会儿比一会儿热，纷纷开始解开纽扣，继而脱掉大衣。最终，南风获得了胜利。

南风之所以能够顺利地达到目的，其主要原因是它顺应了人们的内在需要，用温暖的心去处理事情。心理学上将这一现象称为“南风效应”。“南风效应”给我们的启示是：在处理人际关系的时候，宽容往往比惩罚更有力量。其实，教育孩子未尝不是如此，每个孩子在成长的过程中，都会犯错误。作为父母，此时就应该用宽容的态度去看待孩子们所犯的错误，客观、理智、科学地处理孩子日常生活中出现的各种问题。

宽容，是一种教育艺术

从“南风效应”中我们得到的启示是，宽容有时候比惩罚更有力量。与人交往，宽容是一种美德；而对孩子宽容，则不仅是一种美德，更是一种教育艺术。孩子涉世未深，难免会出错，尤其是儿童期，是孩子犯错误最多的时候。不过孩子犯错误大多不会明知故犯，他们多是出于好奇和无知。作为父母，就应该从心底宽容孩子的错误，给孩子改正的机会。

印度民族英雄甘地在回忆自己成长的过程时说：“是父亲那崇高的宽容态度挽救了我。”少年时期，甘地出于好奇，染上了烟瘾，后来竟然发展到偷兄长和家里的钱去买烟。不久之后，他认识到自己的这一行为是错误的，甚至是可耻的，于是便通过写信的方式将自己的整个堕落过程告诉了父亲。

在这之前，甘地已经做好了被父亲批评和惩罚的准备。出乎意料的是，父亲看完他的信之后，并没有责怪他，而是说：“你能够认识到自己的错误，这让我很是欣慰。既然你能够认识到这一错误，我相信你也一定能够改掉这一错误……”父亲的一席话，让甘地觉得自己太对不起父亲了，于是痛下决心，决定改邪归正。后来，他果然改正了错误，走上了正道，并且做出了一番伟大的事业。

父母错误做法：对孩子的错误斤斤计较

家庭教育中，很多父母总是对孩子所做的事情过于挑剔，甚至不能容忍孩子的一点点错误。于是，一些调皮的孩子整天受到父母的批评，他们有的对孩子没完没了地数落，有的对孩子吹胡子瞪眼睛，有的选择对孩子惩罚，有的动不动就以“你再……就不要你了。”来吓唬孩子。

结果一是让孩子更加自卑，严重的甚至会使孩子丧失自尊心和自信心；再者，孩子对父母会采取一种防备的心理，见到父母就会畏而远之，怕挨批评，怕受惩罚。所以，父母应该用宽容的态度去分析孩子的错误行为，用信任、关爱和期待的眼光去面对犯了错的孩子，而不要对他们的错误斤斤计较，动不动就惩罚孩子。

心理专家建议：爱孩子，就要懂得包容孩子的错误

苏联教育家苏霍姆林斯基说：“犯了错误在众人面前受过批评的孩子往往会变得孤独。特别不好的是，他要学好的愿望与热情淡漠了，他要做个正直的、道德高尚的人的愿望从此受到了压抑。”

每个人在为人父母之初，都会想着要做好父母，包容小家伙所带来的种种麻烦和错误，像个朋友似的尊重他。但是，当孩子真的犯了错误，父母便不能释怀，不能原谅孩子的无心之过。其实，这不是明智的做法，因为明智的父母知道，对待孩子一定要大度。

1．允许孩子犯错误

看到孩子犯错误，父母都会觉得孩子不能再这么下去，要及时纠正孩子的错误，所以，就忍不住责骂孩子几句，发几句牢骚。其实，父母大可不必发牢骚或担心，因为孩子都是在错误中成长的，只有这样，才能从中找出正确的方法。

2．和孩子做朋友

做大度的父母，就要尊重孩子，做孩子的朋友。让孩子觉得你和他是平等的，你是他的朋友。你要像尊重朋友一样来原谅他的错误，指正他的缺点，给他面子，不伤他的自尊。这样做的父母才是宽容的父母，也是优秀的父母。

3．多表扬，少批评

好孩子是夸出来的。在家庭教育中，父母不要总是把眼光盯在孩子的缺点和错误上，应该去注意孩子身上的闪光点。一旦发现孩子做得好的地方，就应该及时具体地对其进行表扬，引导孩子向好的方向发展。

五 尊重法则：
心灵的成长需要尊重

要想在家庭中建立和谐的亲子关系，就要从尊重孩子开始。只有尊重孩子的父母才能培养出懂得自尊，且懂得尊重他人的孩子。

孙云晓在《教育的秘诀是真爱》中曾经讲到过这么一个故事。

有一位母亲看到正在上高中的孩子因为谈恋爱而心神不定的时候，非常替孩子着急。于是，一次儿子出门后，她想方设法地撬开了儿子的抽屉，取出儿子的日记。可是，当她翻开日记时，手却像被烫了一般。原来，儿子在日记本中夹了一张纸条："妈妈，我料定您会来看我的日记，我瞧不起您！我的烦恼是我自己的事情，您不必管我，我能挺过这一关！"这位母亲追悔莫及，感慨自己低估了孩子的能力，更不应该不尊重孩子的隐私。

事实上，每个孩子都是一个独立的个体，都不是父母的附属品。他们也有自己的人格、思想、隐私、尊严等，作为父母，应该给他们最起码的尊重和保护。著名的教育家陈鹤琴曾经提出："儿童不是'小人'，儿童的心理与成人的心理不同，儿童时期不仅作为成人之预备，也具有他的本身价值，我们应该尊重孩子的人格，爱护他的天真烂漫。"这就是教育学中的"尊重法则"，在家庭教育中，每个父母都应该坚持这一原则，这样更有利于孩子的健康成长。

不尊重孩子，孩子也不尊重你

英国著名教育家斯宾塞说过："野蛮产生野蛮，仁爱产生仁爱。" 父母只有学会尊重孩子，孩子才能尊重父母，和父母成为朋友。孩子再小，也有自己的一片天地，父母如果总以自己的权威来侵犯孩子的这片天地，与孩子的心灵间就会横亘着一道无形的鸿沟，心灵的沟通就会出现障碍。所以，不论你已经还是即将为人父母，都要学会尊重孩子，尊重他的人格，尊重他的思想，尊重他的一切，只有这样你才能成为好父母。

北京市某中学学生琪琪（化名），因怨恨母亲对自己的管教太严，丝毫不顾念母亲的养育之恩，残忍地将生母杀死。北京市第二中级人民法院以故意杀人罪一审判处琪琪14年有期徒刑。

据介绍，琪琪在杀死自己的母亲后将其尸体藏在衣柜里，拿着从母亲的上衣中搜出的600元钱若无其事地去了网吧。几天后，公安民警在附近的一家网吧里将其抓获。当警察出现在他的面前时，琪琪一脸平静，既没有惊慌，也没觉得后悔，反而流露出因为杀死母亲后获得“自由”的兴奋。琪琪对暴力的麻木和对生命的冷漠达到了骇人的地步，这也引起了当地心理专家的好奇。

后来，心理专家了解到，在琪琪成长的过程中，父母对他管教很严格，不管什么事情，他都要听从父母的安排。例如，如果琪琪考试分数不高，父母必定会不分青红皂白，先给一个耳光，然后边打边骂：“你真是一头笨猪”，或者是“猪都比你聪明”，“这么笨还活着干啥”。类似的骂声不绝于耳。

不光是考试，不管在任何时候、任何场合，不论旁边有多少人，只要是琪琪做错了，他的父母张口就骂、动手就打。琪琪上中学后，父母为了知道琪琪是否谈恋爱等，会擅自撬开琪琪的抽屉，看琪琪的日记、邮件等。就在母亲又一次偷看琪琪的日记时，琪琪发现了，和母亲发生了冲突，导致了悲剧的发生。

父母错误做法：对孩子缺乏尊重

现实生活中，像琪琪妈妈一样的父母大有人在，因为对孩子缺乏最起码的尊重，结果导致了孩子的畸形成长。教育专家孙云晓在《我的家怎么了？》一书中列举了父母不尊重孩子的一些表现，很值得为人父母者反省。

1.打骂孩子

对孩子不信任，不听孩子解释，动辄打骂。

2.软暴力

说让孩子伤心的话，简单武断地否定孩子的想法，或不理睬，这些做法是导致精神伤害的软暴力。

3．强迫孩子学习各种技能

不考虑孩子意愿，给孩子报各种各样的特长班，强迫孩子违心去做。

4．对孩子的朋友缺乏最起码的尊重

不允许孩子和同学玩，不允许孩子交朋友，偷听孩子的电话等。尤其是青春期的孩子，一些父母更是如临大敌，生怕孩子喜欢或者交上异性朋友。

5．用自己小时候的行为来判断孩子的行为

“我小时候从没有穿过这么好的衣服，瞧你们现在！”“我们上学的时候男女生都不说话，你们怎么可以那样！”一句“我们那时候”，忽略了时代的变迁，这是父母用自己的意识取代孩子的想法，是没有把孩子当成独立的现代的人来看待。

心理专家建议：爱孩子，应该从尊重孩子开始

成为好父母是件很不容易的事。想要做好父母，想要让孩子明白你的关爱，首先就应该学会尊重孩子。要亲身体验孩子的感受，要常常站在孩子的角度想一想自己的做法是否正确？想想自己有没有这样的权利？

父母该如何学会尊重孩子呢？教育专家孙云晓给父母支了以下几招。

1．相信孩子是独一无二的

也许你的孩子不能成为音乐家，但他可能成为音乐教师；也许他不能成为科学家，但他可以成为设计师……要知道，每个人都有自己独特之处，我们不能规定所有的孩子做同样的事，走同样的路。成功的道路千万条，但对于孩子来说仅有一条或者几条比较合适。

2．尊重孩子的想法与意愿

父母在决定某件事情的时候，应该问问孩子：“我这样做你愿意接受吗？”“你有什么想法呢？”有的孩子由于性格内向或者不愿意真实表达自

己的意愿，往往在情绪中体现出不满，这时候父母要多加注意，发现后，再耐心和孩子沟通，不要忽略你无意中的言行对孩子造成的伤害。

3. 支持孩子的正当爱好

父母应该允许孩子去发展自己的兴趣，实现自己的愿望，这本来就是孩子应有的权利。众所周知，没有兴趣，就没有学习。所以，能不能尊重孩子的兴趣，实质是真爱孩子还是假爱孩子的重大区别点。

4. 允许孩子有自己的秘密

父母会觉得孩子有了秘密是件非常可怕的事情。殊不知，秘密是孩子成长的营养品，没有秘密的孩子长不大。孩子成长的过程就是走向独立的过程，走向独立的过程就一定伴随着大量的秘密。外国专家甚至认为没有秘密就没有儿童时代，秘密是儿童成长的催化剂。

六 真爱法则：

教育的真谛是爱

爱，并不是孩子要什么就给他什么，也不是给他多少钱满足他的物质需要，而是给孩子一种精神上的温暖和鼓励。

布赖恩有一个嗜酒如命的单身母亲，母亲除了喝酒，几乎什么都不管。在这种环境下成长的小布赖恩整日神情忧郁，郁郁寡欢，明显缺少其他小朋友那种活泼向上的朝气。小学一年级的时候，布赖恩被诊断出患有注意力不集中症和中度语言障碍。

但即使是在这种情况下，布莱恩还是坚持去上学，因为每年都会有一个老师夸奖他的作业做得好，而且还有个中学校长一直很关心他，照顾他。

布赖恩进入高中后，再没有老师对他表示关爱，他又回到了先前没有人管教的生活。他开始不断逃课，甚至打架斗殴，14岁的时候就被关进了少管所。在少管所老师的教育下，他重新开始学习。后来，他因参加全美大学生艺术创作大赛荣获一等奖而闻名全国。毕业后，布赖恩设计的一件艺术品被华盛顿艺术博物馆永久收藏。

美国教育学家、儿童问题专家威廉·哥德法勃对布赖恩的成才归于“真爱法则”。他说：“爱，是一个孩子向前的全部力量，教育的秘诀就是爱，教育的捷径就是爱之路。”现实生活中，很多父母对调皮捣蛋的孩子进行教育后看到没有任何效果，就认为这些孩子无可救药了，于是就失去了耐心，放任自流，结果只能使孩子徘徊在犯罪的边缘。

真爱，是精神上的温暖和鼓励

每个父母都爱自己的孩子，这是一种本能，甚至连鸡妈妈都如此。对孩子，不但要爱，而且还要会爱。就像农民爱自己的庄稼一样，光有爱是不行的，还要懂得庄稼的生长规律，这样才能收获好的庄稼。父母爱孩子也一样，只知道爱，但是不了解自己的孩子，不知道孩子需要什么，这样的爱是不正确的，只有了解孩子，知道孩子内心的想法，激励他，赏识他，给他精神上的温暖和鼓励，才能够让孩子体会到你的爱，并在爱中走向更加美好的未来。

小帅上中学的时候，他的妈妈离开他到外地做生意去了，把小帅留在了老家。每个月，她会给小帅寄来一大笔生活费。结果，去了不到四个月，孩子的学习成绩就直线下降，性格也慢慢变得沉默寡言，每天都心事重重。

后来，小帅好不容易考上了一所普通高中，却又没有心思好好学习，整天和一群狐朋狗友混在一起，没过多久，便受到了学校勒令退学的处分。这个时候，他的妈妈意识到了事态严重，慌了手脚，急忙放下手头的生意，回到老家。

面对现实，她束手无策，于是向一位教育专家征询了意见。

教育专家告诉她说："你现在唯一的办法就是让孩子感受到你的关爱，用爱鼓励他振作起来，并帮助他找到学习的乐趣。因为当他最需要你的关爱的时候，你没有及时给予，现在他已经长大了，有了自己的想法，要想改变他，必须用父母的关爱来浇灌他荒芜的心灵。"

小帅妈妈疑惑地说："我很爱他啊，每个月我都会给他足够的生活费，他要什么我就会给他什么。"

"爱，并不是孩子想要什么就给他什么，也不是一味地满足他的物质需要，而是给孩子一种精神上的温暖和鼓励，让他明白父母的良苦用心……"

后来，小帅妈妈在教育专家的指导下，帮助小帅解决了学习、生活中遇到的问题，并给小帅精神上的支持和鼓励。结果小帅的成绩很快就提高了，人也变得开朗了很多。

父母的错误做法：用抱怨责骂代替赏识激励

小帅的母亲是睿智的，她懂得用激励、赏识的方式来表达自己对孩子的爱。但在现实生活中，很多父母并没有这样的耐心，大多数父母如果遇见小帅这种情况，听到老师如此评价自己的孩子时，往往会对孩子的这种行为作出与老师同样的批评，有的父母甚至会责骂自己的孩子“笨、不争气”，结果孩子会不安——不耐烦——反感讨厌。那么，孩子别说是考上理想的大学，连高中毕业估计都是很困难的。

心理专家建议：爱孩子，更要懂得如何施爱

如果问已为人父母者：“你爱自己的孩子吗？”相信每一位父母都会毫不犹豫地回答说：“爱，当然爱了！”可是再问：“你懂得如何爱自己的孩子吗？”或许很多父母就要考虑一下了。

爱孩子的父母们，你们懂得如何去爱自己的孩子吗？教育专家卢勤就如何爱孩子提出了以下八点建议。

1. 用爱的目光注视孩子

注视孩子，用赏识的神情告诉孩子：“太好了！你让我骄傲！”

2. 用爱的微笑面对孩子

面对孩子，传递给孩子的是：“我爱你，孩子！”

3. 用爱的语言鼓励孩子

鼓励孩子，父母常对孩子说：“孩子，你真棒！”孩子会自豪地回答：“妈妈、爸爸，我能行！”

4. 用爱的渴望调动孩子

调动孩子，让孩子在朝思暮想中获得爱，使他们明白：幸福不会从天降，你要寻找快乐吗？自己去努力！

5．用爱的细节感染孩子

感染孩子，细节最能使人心动，要让孩子学会从生活的小细节中发现爱，感受爱。

6．用爱的管教约束孩子

约束孩子，让他们从小懂得，每个人都要对自己的行为负责，要走好人生的每一步。

7．用爱的胸怀包容孩子

包容孩子，让他们有重新开始的机会。

8．把爱的机会还给孩子

还给孩子，让他们体验到：索取可以使人满足，但付出才能得到真正的快乐。

七 赏识法则：每个孩子都有闪光点

孩子心灵深处最强烈的需求是得到别人的赏识。每个孩子身上都有闪光点，父母要善于发现孩子的闪光点，懂得激励他，赏识他。

这个父亲，是一个老三届初中毕业生、一个工厂的普通工人。这个女儿，是一个出生不久就双耳失聪的女儿。命运让两个普通的生命放射光彩，创造了一系列不平凡的奇迹，这位父亲就是周弘，这个女儿就是周婷婷。

婷婷在出生不久就双耳失聪。父亲没有觉得她是聋子而放弃对她教育，因为爱她，父亲知道更应该精心地栽培她、教育她。他在教育婷婷时发现："孩子是为赏识而生存。"每当婷婷完成一道数学应用题时。周弘都会吃惊地说："孩子，这是你自己做出来的吗？真了不起，这么难的题你都能算出来！"婷婷听着爸爸的表扬，顿时信心大增，就开始想着要解出下一道数学题，让爸爸更吃惊。

从此，婷婷疯狂地迷上了数学。婷婷上小学时连跳了两级，只用了三年的时间就完成了小学六年的全部课程。十岁被评为全国十佳少年，并光荣地受到江泽民的接见，十六岁进入了辽宁师范大学读书，成为中国第一个聋哑大学生。接到录取通知书时，父亲周弘对婷婷大呼："你真是棒极了，你什么都能做到。"

这就是后来风靡全国的"赏识成功教育法"，而婷婷的成功也证明了"赏识教育法"的成功。周弘曾经说过："赏识导致成功，抱怨导致失败。"不仅仅是因为好孩子需要赏识，还因为赏识教育能使孩子变得越来越好。这就是著名的"赏识法则"。因此，明智的父母懂得及时向孩子表达自己对他们的赏识，让孩子在父母的赏识中健康成长。

不要吝惜赞美他们的语言

心理学家认为：“人的潜能所能包容的智力能量，犹如原子核的物理能量一样巨大。”孩子的潜能就像一座巨大的宝库，但是很多父母不知道怎么来挖掘这座宝库。在很多成功父母那里都有一句很灵验的话：“孩子，你真棒！你做得太好了！”人人都希望得到他人的肯定与赏识，孩子也是如此。所以，调动孩子积极性的最有效的方法就是：不要吝惜赞美他们的语言。

一天，周弘老师接到一封沉甸甸的信，他很好奇，打开一看，两行茶杯盖大的字映入眼帘：“请周校长伸出温暖的手，救救我们可怜的母子吧！”看了让人触目惊心。

他急忙看信的内容：“为了帮助儿子提高学习成绩，我把心爱的工作都辞了，儿子不听话，我就打他，实在惹我生气了就一天打三顿。每次打他，我都是从屋里锁上门，不管门外谁求我住手我都不停。现在，我恨我儿子恨得牙痒痒，走在路上恨不得将他推到汽车轮子下面……”

家长的信是用血泪写成的，周弘老师当即决定去家访。

站在他面前的男孩叫晨晨，表情呆滞，眉头紧锁，眼神里闪烁着愤怒的光芒。一天挨三顿打，长成这样也不奇怪，他极其自卑，看到周弘老师，连头都不敢抬。

周老师问母亲，孩子有什么优点，妈妈的第一句话就让周弘老师愣住了。

“他还有优点？我看全是缺点！”没等周老师开口，妈妈就迫不及待地把孩子的缺点罗列了一大堆。

周老师转身问晨晨，“妈妈找不到你的优点，你能不能说说你的优点呢？”

“优点？周伯伯，我还有优点啊！五年了，就没听过‘优点’这个词。”

周老师一听，怔住了，多么可怜的孩子，像这样被父母认为“满身缺点”的孩子怎么能学好呢！

父母错误做法：只看到孩子的缺点

生活中，像晨晨妈妈这样的父母比比皆是，在教育孩子这方面，他们心理都有些错位，不是用赏识的眼光去发现孩子身上的优点，而是用挑剔的眼光在孩子身上寻找毛病。最可怕的是很多父母总喜欢拿自己的孩子与其他孩子比，比的结果往往是自己的孩子处处不如人，更要命的一点是有些父母常当着孩子的面说“你看谁谁、哪哪比你强”。这样做的结果就是严重挫伤了孩子的自尊、自信，使孩子丧失追求成功的资本。

可以说，这些父母眼睛里完全揉不进一点沙子，他们习惯戴着有色眼镜来看孩子，将“缺点”这顶帽子紧紧地扣在孩子头上。孩子的行为举止一旦不符合他们的标准，他们就用犀利的语言挖苦孩子，甚至拳脚相加。在这种环境之下生存的孩子只会在自卑的泥潭里越陷越深。而在孩子幼小的内心世界里，他们更为渴求的是得到大人的赏识与表扬，只有在赏识与表扬中，他们才会有信心去做好后面的事，才会健康茁壮地成长。

心理专家建议：爱孩子，就送给孩子一片掌声吧

作为父母，你期盼自己的孩子一生健康快乐吗？那就要把坚强传授给孩子；你期盼孩子一生平安顺利吗？那就要把微笑交给孩子；你期盼孩子一生都处于成功的巅峰吗？那就把赞美还给孩子。爱孩子，就要给孩子一片掌声，告诉他“你是最优秀的，你是最棒的！”

那么，该如何去赏识孩子呢，“赏识教育法”创始人周弘归纳了“赏识教育三字经”。

1. 塑造你的孩子——天才就在你身边

创环境，爱生命；找感觉，尝甜头；跳一跳，够得着；太好了，你真棒；好消息，好心情；我爱你，不恨你；再坚持，过极点；大步退，大步进；宝塔帽，西瓜肚。

2.避开家教的误区——让孩子轻松成长

豆腐嘴，刀子心；巧引导，少说理；付与得，要平衡；做好了，说圆了；怕吃亏，吃大亏；抓则死，松则乱；为你好，受不了；丢面子，好机会；打不死，被吓死；高智商，高脆弱。

3. 构建心灵桥梁——让亲子关系更好沟通

看得起，够朋友；常反思，解心结；先接纳，后升华；融进去，诱出

来；憋不住，吃不消；山不动，我来动；给面子，给台阶；倒过来，跳出去；起绰号，隔膜消。

4．调整你的心态——做一个合格的家长

全倒掉，快点跑；得中升，知中落；想得开，想不开；看清了，不怕了；乐生乐，苦生苦。

5．点滴回味

狼来了，追蝴蝶；不会种，偏要种；士可杀，不可辱；先知明，后知暗。

八 兴趣法则：支持孩子做他们喜欢做的事情

兴趣对一个人的个性形成有重大作用，对孩子的兴趣，父母应该支持而不是反对，这样方能使孩子的智力得以开发，知识得以丰富，眼界得以开阔。

伽利略从小喜欢物理，但他的父亲却认为当医生最有出息，所以一定要他学医，而伽利略却坚持学习物理。一次课堂上听课，他却出神地盯着礼堂里的吊灯，于是，他发现了吊灯的轻微摆动有一种周期现象——那就是“摆的周期性”。

福楼拜小时候就酷爱文学，而他的父亲却希望他学习法律，结果福楼拜学得又苦又没成绩，而且还得了一场大病。他的父亲很是失望，干脆放任他不管，而他摆脱父亲的束缚便一头扎进文学。后来，他成了法国著名的作家。

试想，如果伽利略按他父亲的意愿学医，也许世界上就少一个伟大的物理学家而多一个平庸的医生；如果福楼拜的父亲一直强迫着他学法律，他将不能成为著名作家，顶多成为一名法官或律师而已。

爱因斯坦曾经说过：“兴趣是最好的老师。”古人亦云：“知之者不如好之者，好知者不如乐之者。”兴趣对学习有着神奇的内驱动作用，能变无效为有效，化低效为高效，伽利略和福楼拜的故事便是最好的证明。这就是著名的“兴趣法则”。这一法则也同样适用于家庭教育。因为孩子天生就有好奇心，他们对任何事物都容易发生浓厚的兴趣，这就要求父母加以引导和支持。因为孩子的兴趣爱好是引导孩子获取知识，培养能力、开发智力的有利条件。

兴趣是孩子学习的发动机

孩子学习，兴趣是最好的老师，对一些不感兴趣的功课或者爱好，任凭父母怎么苦口婆心地要求孩子好好学，还是达不到预期的效果。相反，如果所学的是孩子自己喜欢的，则另当别论了，他们会像挤海绵里的水一样利用一切可利用的时间去自觉地学，其刻苦精神，让人感叹。之所以会出现这种现象，是因为兴趣是一种无形的动力，一旦被激发，孩子就会伴随愉快紧张的情绪和主动的意志努力，去积极地认识它、实现它。

小时候，姚明的父母并没有刻意鼓励他把篮球当做将来的职业。在教育孩子方面，他们支持鼓励姚明做自己喜欢做的事情，过自己喜欢过的生活。但后来，姚明还是选择了篮球，因为他发现篮球是自己的兴趣所在。

其实，小时候姚明和其他男孩子一样，喜欢枪，爱看书，尤其爱看地理方面的书，有一段时间还对考古发生了兴趣。后来，他喜欢做航模，再往后就喜欢打游戏机了。不管姚明喜欢什么，他的父母从来不逼迫他，而是以启发引导为主，重视培养他的兴趣。这种教育方式让姚明享受到了学习的乐趣。

直到9岁的时候，姚明才开始对篮球有点兴趣。12岁的时候，他已经非常喜欢篮球这项运动了。于是，父母把他送进了上海体育学院。从此，姚明走上了自己的篮球之路，而且取得了巨大的成功。

父母错误做法：强迫孩子做他不喜欢做的事

望子成龙、盼女成凤是家长共同的心愿。一些家长为了让孩子成才，不惜投入大把的金钱，牺牲自己不少宝贵的时间，粗暴地强制孩子放弃他们的某些爱好，去做他们根本不感兴趣的事情。例如，有的孩子喜欢音乐，父母偏偏强迫孩子学美术；孩子喜欢篮球，父母又偏偏逼儿子去学乒乓球……

结果呢，孩子不仅没有取得成绩，还换来了他们的厌恶和反感。所以，这类父母的做法是极不明智的。作为父母，只要孩子的兴趣爱好不是有害的或是不良的，父母就应该加以鼓励和尊重，一味地强迫孩子做他们不愿意做的事情，结果只能是事与愿违。

心理专家建议：教育孩子，从兴趣入手

家长应该尊重孩子的兴趣，如果孩子在童年、青少年时代的兴趣得到重视或正确引导，那孩子的一生将有可能改变。鲁迅在那篇《我们现在怎样做父亲》中说："孩子的世界，与成人截然不同，倘不先行理解，一味蛮做，便大碍于孩子的发达。"这里"先行理解"的应该是孩子的性情、兴趣和特长。只有充分地了解他，尊重他，从中发掘他的潜力，才有可能找准孩子成长的天赋之道。

那么，父母应该如何去尊重孩子的兴趣呢？可以参考以下几点。

1. 善于观察孩子，及时去发掘孩子的兴趣

孩子往往会对自己喜爱的事物表现出极其浓厚的兴趣，父母要善于从孩子平时的言行举止、行为表现等方面去观察孩子，及时地了解孩子的兴趣所在。享誉世界的钢琴王子朗朗在三岁时，父亲就发现了他对音乐的独特兴趣与天分，随后对其进行了悉心培养，尽可能地给他创造优越环境，最终造就了这位音乐才子。

2. 给孩子一定的选择权

莎士比亚说："学问必须合乎自己的兴趣，方才可以得益。"人在做自己感兴趣的事时，内心会产生一种幸福感，这种幸福感激励他不断努力，不断追求。父母应该给孩子一定的选择权利，让他们选择自己喜欢的事，当孩子的主动性被调动起来的时候，他的激情就会像火山爆发一样不可阻挡，家长只需要扮演一个支持者的角色就行了。

3. 根据兴趣，帮助孩子规划未来

兴趣有一定的持久性，持久性主要指兴趣的稳定程度，兴趣的稳定程度对一个人的学习、工作很重要，它直接关系到一个人的未来方向和能否取得成就。父母应该认真对待孩子的兴趣，根据兴趣帮助孩子确立目标，确定未来的发展方向，给孩子规划一个美好的未来。

第三章

父母会说话，孩子才会听话

为何现在的孩子越来越不听话？原因之一就是为人父母者很少注重说话方式，而且不懂得说话技巧。其实，父母们不妨试着站在理解的基础上与孩子进行沟通，学着倾听孩子的心声，并掌握一些批评和赞扬的艺术。

一 代沟效应：在理解的基础上与孩子沟通

不少父母常为如何消除与孩子之间的“代沟”感到头疼。其实，父母如果能够在理解孩子的基础上与孩子进行沟通，则会起到事半功倍的效果。

代沟是指两代人之间在价值观念、心理状态、生活习惯等方面的差异。因为孩子与父母的年龄相差很多，生活圈子截然不同，所接触的事物、人物各异；故他们的思维方式和行为也就会有很大的不同。在心理学上，把这种现象称为“代沟效应”。如果这种差别不加改善而让它扩大，父母与孩子两代人之间就会形成一堵无形的墙，误会就会很容易产生。

孩子的成长需要父母的理解与关爱，如果父母总是对孩子实行“强权政治”，那孩子极易产生逆反心理，与父母之间产生“代沟”，甚至与父母结仇。因为每个孩子都是一个独立的个体，有着独立的人格，父母一旦压制了他们的想法，势必会引起他们的反抗。所以，父母如果能够站在理解的立场上与孩子进行沟通，教育效果要比一味地强制好得多。

代沟的产生源于缺乏沟通

生活中，经常听到父母抱怨：现在的孩子越来越难管了，脾气倔强得很，你说他几句他就烦，你让他这样做他偏要那样做，你说是对的，他偏说成是错的……整天与你唱反调。俗话说：“半大小子，气死老子。”尤其是一些正处于青春期的孩子，他们同时也处于逆反期，常常会表现出不听话，爱和大人顶嘴，叫他往东他偏往西，叫他打狗他偏赶鸡的一种强度逆反。

出现这种情况很正常。究其原因除了青春期的正常反应之外，主要就是因为在生活和学习中，父母对他们进行过分的压制，而又缺少与他们沟通的缘故。身为父母，总是望子成龙，希望孩子健康成长，但如果父母处理问题的方式不当，不能站在理解孩子的角度上看问题，代沟自然而然地就出现了。

曾有一位母亲给心理咨询热线打来电话，说："请你们一定要帮我，我感觉在我和孩子之间有一道沟，这道沟让我和孩子之间都成了仇人了。我不知道我究竟应该怎么做才好？"

原来，这位母亲有一个儿子，已经19岁了。母亲说儿子小时候非常乖，从不与大人顶嘴，可是儿子长大后，逐渐和母亲没有共同语言，说不上两句话母子俩就会吵起来。儿子高考没上本科线，准备复读一年再考，由于去哪个复习班的问题，母子俩意见不和，又发生了争吵。儿子喜欢打篮球，每次他要出去和伙伴们玩时，都会遭到母亲的干涉。总之，两个人的战争愈演愈烈，在一次争吵中，儿子一气之下，竟把母亲精心栽培的花草摔得满地都是。

母亲对儿子说："家里条件这样好，你生活如此幸福，怎么还天天和我们对着干？"儿子说："在家里，我没有一点幸福的感觉。其实不是我和你们对着干，是你们和我对着干！你们根本不理解人！"

这对母子的话各有其道理，毕竟是两代人，思想、观念都存在着很大的不同，而且两代人又是站在各自的立场上去思考问题，很少进行沟通，所以很难达到一致的意见，这样亲子间的"代沟"必然会产生。

父母错误做法：以己之心度孩子之腹

现实生活中，很多父母经常抱怨孩子的一些想法自己不能理解，他们总是认为自己走过的桥比孩子走过的路都多，吃过的盐比孩子吃过的米都多。凭借这么多的人生阅历和社会经验，他们相信自己的教育方式、思想观念都是正确无疑的。所以不管做什么事情，他们都是站在自己的角度考虑问题，以己之心度孩子之腹。

例如孩子偶尔坐在电脑前，他们认为是不学无术；孩子喜欢街舞，他们认为那是下三烂的东西；孩子和异性朋友聊天，他们觉得孩子是在谈恋爱……如此一来，父母常常会对孩子产生错误判断，而且大多还会强行压制。在这种情况下，孩子自然不服，因此，“代沟”的出现也就是自然而然的事情了。

心理专家建议：经常与孩子沟通，可消除“代沟”

鲁迅先生曾经说过：“孩子的世界，与成人截然不同，一味蛮管，就大碍孩子的发展。”因此，无论在学习还是生活中，父母都要学会理解孩子，做孩子的知心朋友，而不要整天吵骂孩子或逼打孩子，这样只会让亲子间的代沟越来越深，而且还会使父母对孩子产生严重的恨意。明智父母的做法是，从孩子的角度，在理解的基础上与孩子进行沟通。

那么，怎么做才能消除亲子间的代沟呢？

1．放下父母的权威，做孩子的知心朋友

作为现代合格的父母应该认识到，家庭不能停留在家长制甚至封建专制时代，要自觉放下家长权威的架子，学会善于同子女交朋友，平等地同他们谈心，帮助他们排忧解难，使家庭内、父母与子女之间，形成民主、平等的气氛和新型的关系。要做到这一点，要从日常小事做起，经常抽空与孩子交谈，陪同孩子参加活动，如买书、选购物品、体育锻炼、听音乐、看电影等。

2．让孩子了解父母的疾苦

父母也不妨适当地向子女敞开心怀，谈谈自己的心里话，让孩子理解你的心情，也请他帮助父母想想办法，出出主意，共同商量解决的办法。这样，子女才会逐渐懂得家长们原来也有这么多难念的经，才会觉得应该关心体贴父母。

3．教育态度要温和

孩子的自尊心很强，他们希望得到他人的尊重。温和的态度，谆谆教导的方式，可以增加他们的信任感，也就容易接受善意的劝导。不能用粗暴的训斥、轻蔑的态度、讽刺的语言、过多的禁止与批评等，否则都会伤害孩子的自尊心，使他们产生不信任、不合作的逆反心理，教育效果很差。

4．倾听孩子的心声

父母不要片面地评价孩子，而是要了解孩子的心理、倾听孩子的心声，孩子在成长中也有心事和烦恼，一旦父母不理解，就会使孩子感到父母不够关爱他，是冷酷的、无情的，因此，孩子就会不喜欢父母，甚至不听父母的话。

二 霍桑效应：
要懂得倾听孩子的心声

聪明的父母与其做一个高明的演说者，不如做一个高明的倾听者。因为只有了解了孩子真实的想法，才能在教育的过程中对症下药。

霍桑工厂是一家制造电话交换机的工厂，它坐落在美国芝加哥的郊外。这个工厂具有比较完善的娱乐设施、医疗制度和养老金制度等，按理说，工人们享受到如此丰厚的福利和待遇，应该很满足了。但是，这里的员工仍然愤愤不平，如此一来，霍桑工厂的生产状况也非常不理想。

1924年11月，美国国家研究委员会组织了一个由心理学等各方面专家参加的研究小组，在该工厂开展了一系列的试验研究。这一系列试验研究的中心课题是生产效率与工作物质条件之间的关系。这一系列试验研究中有一个“谈话试验”，即用两年多的时间，专家们找工人个别谈话两万余人次，并规定在谈话过程中，要耐心倾听工人们对厂方的各种意见和不满，并做详细记录，对工人的不满意见不准反驳和训斥。

让人意想不到的是，通过这个“谈话试验”，霍桑工厂的产量得到了大幅提高。这是由于工人长期以来对工厂的各种管理制度和方法有诸多不满，无处发泄，“谈话试验”让他们把这些不满发泄出来，他们从而感到心情舒畅，干劲倍增。

社会心理学家将上述奇妙的现象称为“霍桑效应”，又称为“牢骚效应”，它给我们的启示是：如果一个人能够把那些未能实现的意愿和未能满足的情绪，用语言的方式宣泄出来，对人的身心健康和工作效率都非常有利。现实生活中，孩子也会有很多的不满和牢骚，如果父母能够坐下来听一听孩子的心声，则会起到良好的教育效果。

孩子渴望父母的倾听

现在，家里的孩子几乎就是“小皇帝”、“小公主”，每位父母都是殚精竭虑、任劳任怨，想给予孩子更多的知识和金钱，想让他们拥有更多。但是很多父母却忽视了一样重要的东西，那就是倾听孩子的心声。据调查，大多数孩子认为好家长的标准是：尊重儿童、善解人意，耐心倾听孩子的心声。父母为孩子提供了优越的物质条件，而孩子却并不领情；父母苦口婆心，而孩子却对单调的说教反感透顶。究其原因，就是孩子需要父母的尊重，需要父母的倾听和了解。

下面是一位母亲的日记，相信很多父母都会从中悟出点什么：

和众多家长一样，我为9岁的女儿安排好每天的衣食住行，督促她学习，周末陪她练习书法，拉小提琴，常常是围着女儿转，而几乎失去了自我。但常常事与愿违，女儿一拿起毛笔，她便把墨汁洒得满桌都是；你吵她，她委屈地哭，写的字可想而知。如果没有那次“偷听”，恐怕这样的情形还要继续下去。

一个周六的下午，女儿和同学在她的小屋里一边玩一边说“悄悄话”。“你很划算，周末去补课，学的还是老师教的那些知识，可以比我们学得更好，而且也没有作业。”“你学书法才好呢，有特长，同学都很羡慕你呀。”“可我不喜欢书法，只要我完成了作业妈妈就要我练书法，快烦死了。所以现在我做作业故意拖延时间，就没有时间练书法了。下次我最好考得差一点，他们就不会再让我写字了”……

于是我与女儿进行了一次“推心置腹”的谈话，之后，如女儿所愿，放弃了书法、小提琴，而学起了她喜欢的电脑、画画。从此以后，我经常在女儿面前扮演听众的角色，听她讲各种各样的事情，听她发各种各样的唠叨。结果发现，女儿不但没有以前烦人，反而更懂事，也更认真学习了。

父母错误做法：总是对孩子唠叨不停

尽管孩子需要父母的体贴与照顾，但是他们都不喜欢父母过多的唠叨与管束，而是渴望父母能够坐下来，不当讲演者当观众，听一听孩子的心声。

但据调查统计，98%的父母被孩子指责为唠叨。而父母自己也承认，只要见到孩子，自己就会不由自主地要多说几句，多强调几次。例如，“一定要好好学习，考上好大学才会有出息”，“爸爸妈妈批评你都是为你好”等。

心理专家认为，唠叨就是永远一个标准，一种强调，在孩子身上翻来覆去地重复那几句话。常听孩子说“父母的话都能背出来了”，“耳朵都快听出茧子来了”。结果孩子会对父母产生反感，进而急于逃避，而且唠叨会破坏父母在孩子心中树立的威信。

心理专家建议：与孩子交流时，多倾听少唠叨

要想做孩子喜欢的父母，不但要注意倾听孩子的心声，还应该在平时减少对孩子的唠叨，因为无休止的唠叨只会增添孩子的反感和逆反心理，做父母的如果能够设身处地为孩子着想，与孩子心平气和地交流，定会成为孩子最喜欢的人。那么，在日常生活中，父母应该如何做呢？

1. 保持冷静和理智

很多父母对孩子不满意时，就爱唠叨没完。其实孩子非常讨厌唠叨。作为父母，任何时候都要保持理智和冷静。如果实在控制不了自己想唠叨的欲望，就替孩子想想，他们需要的是民主、开明的父母，而不是时刻唠叨的话筒。

2. 重视身体语言

父母对孩子的关爱与信任，重视与赏识等，很多时候并不需要用语言来表达，一个微笑，一个眼神，一个亲吻，一个手势，都可以对孩子传达各种情感，而且这些比千言万语更具有力量。

3. 不要随意打断孩子的话

记住，在与孩子交谈时，很多时候父母应该去扮演一个倾听者的角色，既然是听众，就不应该随意打断孩子的话。不管孩子在谈话时说错了什么，你都要控制住自己的情绪，耐着性子听下去，等孩子说完之后再去教育他，指导他。

4. 排除外界干扰因素

当你倾听孩子说话时，一定排除外界干扰因素，消除所有噪音；例如关掉电视机和收音机，交谈时不接电话等。只有这样，孩子才能感受到你在认真听他的唠叨，同时这也是对他重视的一种表现。

三 理发效应：赞美也需要艺术

人人都喜欢听赞美的话，孩子也一样。但如果在赞美孩子的时候注意赞美的艺术，则会达到锦上添花的效果。

有个理发师带了个徒弟，徒弟学艺几个月后正式上岗了。

他给第一位顾客理完发，顾客嫌头发留得太长。徒弟不语。师傅在一旁笑着解释："头发长，显得您含蓄，这叫深藏不露。"顾客听罢，高兴而去。

徒弟给第二位顾客理完发，顾客认为头发剪得太短。徒弟无言。师傅又笑着解释："头发短，使您显得利索、厚道，让人感到亲切。"顾客听了，满意而去。

徒弟给第三位顾客理完发，顾客觉得花得时间太长。徒弟不知该怎么接话。师傅笑道："为'首脑'多花点时间很有必要，您没听说'进门苍头秀士，出门白面书生'？"顾客听罢，大笑而去。

徒弟给第四位顾客理完发，顾客认为花得时间短，一定没有好好剪，徒弟沉默不语。师傅笑着说："如今，时间就是金钱，顶上功夫速战速决，为您赢得了宝贵的时间和金钱，您何乐而不为？"顾客听了，满意告辞。

晚上，徒弟问师傅："本来是我的不对，怎么经您一说，顾客反而都挺高兴的。"师傅笑着说："这是因为人人都喜欢听赞美的话，如果再注意赞美的艺术，就是锦上添花了。"

上面的故事，从顾客的角度来看，每次都是徒弟的错，但经师傅巧妙的赞美，顾客都化怒为乐。这就是心理学上的"理发效应"，它给我们这样一个启示：如果能够巧妙利用赞美的艺术，会起到事半功倍的效果。其实，教育孩子也一样。在赞美、表扬他们的时候，如果方法得当，则会起到激励他们不断进步的作用。

孩子需要赞美

俗话说：良言一句三冬暖，恶语伤人六月寒。爱听赞美是人的天性，每一个人都需要赞美，都希望得到赞美。因为赞美是温暖灵魂的力量，它可以浇灌心灵，养育灵魂；赞美也是一种艺术，让被赞美者感到愉悦的同时，也会激励他们再接再厉。孩子尤其如此，他们在生活中最喜欢听到的就是赞美和表扬的语言。如果父母能够及时、具体、科学地给予他们赞美，则孩子会把事情做得更加完美。

美国成功学的创始人拿破仑·希尔博士在回忆自己的童年时曾说过：“当我是一个小孩时，我被认为是一个应该下地狱的人。无论何时出了什么事，诸如母牛从牧场上放跑了，或堤坝破裂了，或者一棵树被神秘地砍倒了，人人都会怀疑：这是小拿破仑·希尔干的。”

可这一切因他父亲的再婚而改变了。在新母亲走进他的房间时，他父亲说：“这就是拿破仑，是希尔兄弟中最坏的一个。”可继母并没有在意父亲的话，而是用最亲切的语调说：“这是最坏的孩子吗？完全不是，他恰好是这些孩子中最伶俐的一个，而我们所要做的，无非是要把他所有的伶俐品质发挥出来。”

后来的生活中，继母总是时不时地对拿破仑·希尔说一些表扬的话，例如拿破仑洗完衣服之后，她会说：“孩子，我很为你欣慰，因为你懂得讲卫生了，而且爸爸妈妈不帮助你，你一个人也能够把衣服洗得这么干净。”最初，拿破仑喜欢睡懒觉，有一次他起了个大早，继母表扬他说：“孩子，你真懂事，这么早就起床学习，妈妈相信你以后会有大出息的。”事实证明，继母的表扬极为有效，长大后的拿破仑果然做出了很大的成就，成了美国成功学的创始人。

父母错误做法：吝惜对孩子赞美的语言

有些父母在教育孩子的时候，常常意识不到赞美、表扬孩子的重要性。一位心理学家曾到一所中学做调查，他让学生每人说出自己的优点，结果，很多孩子说不出来自己有哪些优点。为什么会有这样的结果呢？原来，在家里这些孩子经常听到父母说的话就是：“你怎么这么笨。”“真是猪脑袋，连这个都不会！”久而久之，孩子觉得自己真的一无是处，根本就想不起自己还有什么优点了。

心理专家建议：爱孩子，就要懂得赞扬孩子

希望得到别人的赞扬和认同是人的天性。心理学家对儿童所作的心理测验表明，当一个疲惫的孩子受到赞扬时，他会产生一种明显的新的向上的力量。相反，当孩子得不到赞赏或受到批评时，他现有的体力也会戏剧性的减退。孩子的成长离不开鼓励。挖掘孩子的闪光点，并及时表扬和鼓励孩子是家长的天职，是引导孩子健康成长的魔法。所以，爱孩子，就时常给孩子一些赞扬吧！但是，心理专家建议父母们在给孩子赞扬的同时，一定要注意赞扬的艺术：

1. 赞扬要具体明确

对孩子进行赞扬的时候，应该让孩子知道究竟哪一种行为受到了赞扬，赞扬越具体明确，孩子就越容易理解，并且重复这一行为。比如，当孩子起床后收拾好床铺，然后去刷牙洗脸，你赞扬说：“你做得很好。”孩子不清楚自己的什么举动得到了妈妈的夸奖，如果换一种方式可能就好些：“你起床后把床铺收拾得很整齐，真是太好了。”

2. 赞扬要及时

孩子一旦在生活或者学习中有了进步，要及时赞扬。比如，看到孩子自己吃饭、刷牙、摔倒爬起、穿衣或帮家里人做事等，家长要及时给孩子一个拥抱、亲吻或用话语来赞扬他，让他感受到父母的鼓励和支持。如此一来，就能起到激励孩子的效果。

3. 赞扬的方式要适合孩子的年龄段

对孩子进行赞扬的时候，一定要注意孩子所处的年龄段。比如，对年龄很小的孩子在口头赞扬并同时给他一个吻，一次拥抱或者其他的身体接触，效果将更好。而大一点的孩子的习惯赞扬的方式含蓄一些，可心领神会地向他们眨眼睛，或者竖起大拇指表示自己已经注意到他做得不错。

四 标签效应：

好孩子是夸出来的

身为父母，如果给孩子贴上标签，就会使孩子趋向于成为标签所说的那种人。所以父母要尽量给孩子贴上好的标签。

到超市买东西，商品上的标签，会左右人对商品价值的认定。有人做过这样的实验：完全相同的两件商品，标注不同的价格，人们会为它们找出价格不同的理由。人们会在标价高的商品上找出很多优点，会在标价低的商品上找出诸多的不足，并且还能"明确"指出两者的"不同"之处。也就是说，标签会诱导人的思维方向。这就是所谓的标签效应。

心理学上也有这种"标签效应"。在第二次世界大战中，美国由于兵力不足，政府征集了一批懒散的社会闲杂人员去支援前线。这些人没有组织，没有纪律，行动散漫，不听指挥，于是上级请心理学家来帮忙。

心理学家了解情况后，要求他们每人每月都给家里寄一封信。而信的内容是心理学家替他们拟好的，只要他们抄一遍就可以了。信中描述了他们在前线是如何的听从指挥、奋勇杀敌、屡立战功。这样过去了半年，奇迹出现了，这些士兵都变得像信中所说的那样勇敢和守纪了。

到底是什么使他们变好了呢，是"听从指挥"、"奋勇杀敌"、"屡立战功"的标签的作用。这一心理效应在父母对孩子的教育过程中也同样适用。家庭教育中，如果父母能够经常给孩子贴上好的标签，久而久之，孩子就会把它当成一种目标，进而努力实现。

给孩子贴上好标签，孩子会变得更优秀

美国心理学家贝克尔说：“人一旦被贴上某种标签，就会按照标签所标定的去塑造自己。”孩子就像一张白纸，父母给他贴上什么样的标签，他就会按照标签去塑造自己。给他贴上勇敢的标签，他就会努力形成勇敢的性格，给他贴上胆小的标签，他就会养成懦弱的性格；给他贴上勤快的标签，他就会变得勤劳，给他贴上懒虫的标签，他就会变得懒惰。

一位母亲第一次去开家长会，是在儿子上幼儿园时。老师很气愤地说：“你的孩子太调皮了！在凳子上五分钟都坐不稳！真是太难对付了！”这位母亲听了回家后，很亲切地对孩子说：“宝宝啊，今天老师表扬你了，说你以前在凳子上三分钟都坐不稳的，但现在可以坐上五分钟，有进步哦！”

第二次是小学的时候，老师很无奈地说：“你的孩子太笨了，考试全班倒数第一名！”这位母亲回家后，温和地对孩子说：“今天老师鼓励你了，说你不是个笨孩子，虽然这次考得不太理想，但是她说只要你认真，一定可以赶上你的同桌，这次你同桌排在第26名。”

最后一次家长会，是在初中，这位母亲早已做好了心理准备，但是老师却没提到她的孩子，后来她便去问老师为什么，而老师很理所当然地说：“你的孩子成绩不太理想，与重点高中还有点距离。”她最后回到家又对孩子说：“老师对你充满希望哦，她说，只要你努力学习，肯定可以考上重点高中的！”

最后的结果是，她的孩子考上了清华大学！儿子从学校回来，把一封印有清华大学招生办公室的特快专递交到她的手里，突然转身跑到自己的房间里大哭起来。边哭边说：“妈妈，我知道我不是个聪明的孩子，可是，这个世界上只有你能欣赏我，爱我……”

这位母亲的教育方法是明智的，因为从小到大她一直在给孩子贴好标签，而使孩子真的成了标签所说的那种人。

父母错误做法：一味地否定自己的孩子

现实生活中，很多父母总是一味地否定自己的孩子。例如，有的父母经常当着孩子的面对别人说：“这孩子不知道是不是智商比别人低一些，上

课不专心，成绩也不好，就喜欢乱涂乱画，胆子大到谁都不怕……”还有的父母，当孩子考试考不好就会说：“我看你就特别笨，根本不是读书的料！”有的父母看到孩子上蹿下跳时，总是说：“你是不是有多动症啊，这么不安静。”

结果呢，在这种否定标签的作用下，孩子的表现是越来越不好了，被贴上“智商低”的标签的孩子，以后似乎变得越来越笨了；被认为“根本不是读书的料”的孩子，学习成绩也越来越差；被贴上“多动症”标签的孩子，越来越没有安静的时候了。

的确，一个人被别人下某种结论，就像商品被贴上了某种标签。当被贴上标签时，就会使自己的行为与所贴的标签内容相一致。这种现象是由于贴上标签后而引起的，所以上述现象也就不足为奇了。因此说，在教育孩子的过程中，父母一定要认识到这一现象，不要轻易地给孩子贴上否定的标签。

心理专家建议：给孩子贴标签一定要慎重

“说你行你就行，不行也行；说你不行就不行，行也不行。”这句俗话反映了一种不良社会现象，但如果换个角度看问题，放在心理学的范畴来分析，却是有一定道理的。一个人的成长尤其是在儿童时期，不但受制于先天的遗传因素，更脱离不开后天环境的复杂影响。在种种影响因素中，社会评价和心理暗示的作用是非常大的。因此，心理专家建议父母，给孩子贴标签的时候，一定要慎重。

1. 不要给孩子乱贴标签

父母讨论孩子的时候，总是不分青红皂白地就给孩子乱贴标签，比如动不动就把“笨”、“差”、“不听话”等坏标签贴到孩子的身上。这些标签就像给跳蚤设置的玻璃盖，使孩子在还不知道自己能跳多高的情况下，就早早放弃了跳跃的努力，变成了一个不敢想、不敢问、不敢做、不敢跳的“爬蚤”。所以，在没有搞清楚状况之前，父母不应该轻易对孩子下好或坏的结论。否则很容易使孩子自觉不自觉地趋同于划定的类别，限制了他们的自然成长。

2. 贴正面标签一定要具体

贴正面标签往往有利于让孩子向好的方面发展，但要有具体的事实依据。尽量不用一些宽泛的词语，比如“好孩子”、“乖孩子”、“聪明的孩子”等，这样的“标签”让孩子不知道自己好在哪里，不知道怎么做才是好。但比如用“勇敢的”、“爱劳动的”等较具体的标签，则比较有效。说孩子“勇敢的”，他就能够不怕打针，说孩子“爱劳动的”，他就积极帮忙做家务。

五 椰壳效应：把批评变得可口

批评孩子的时候，父母可以采取委婉、甚至是赞扬的方式，这样孩子更容易接受批评。

有一个孩子，喜欢吃各种各样的零食，但是不喜欢吃饭。为此，他的父母非常苦恼，也想尽了各种方法，但哄、骗、打、骂都不见效。有一次，孩子的父亲突然想到孩子非常喜欢椰子，于是他把椰壳锯开，用来给孩子盛饭。结果，让孩子父母没有想到的是，他竟然吃得津津有味。

同样是吃饭，用孩子感兴趣的椰壳碗来盛饭，孩子就能够高高兴兴地吃下去。这种心理现象被称为“椰壳效应”。这个效应给我们的启示是，同样是做一件事情，如果让孩子用他喜欢的方式去做，就会激发孩子的兴趣，孩子就会积极主动地把它做好。

根据“椰壳效应”，教育专家指出，在教育犯错的孩子时，如果父母能够换一种方式去批评孩子，或许会带来事半功倍的效果。比如，父母如果能够用温柔的语气去表达批评，或者让孩子在轻松、和谐的氛围中认识到自己的错误，则能够有效地促进孩子的自我教育和自我发展。

“可口”批评会让孩子顺利接受

细细想来，“椰壳效应”不失为一个教育妙招：用孩子感兴趣的椰壳盛饭，孩子就能津津有味地吃下去。那么，同样是批评教育孩子，能否把批评“包装”一下，用孩子不反感的形式，让孩子乐于接受呢？良药苦口利于病，其实良药裹上“糖衣”照样治病，而且更容易让病人接受。这给父母的启示就是：用爱心将批评“包装”一下，教育效果会更好。

有一位母亲发现她的女儿拿走了自己夹在书中的一张崭新的10元钞票。她心里非常生气，但她并没有找来女儿兴师问罪，而是按原样将钱又放进女儿的文具盒中。晚上，当女儿做完作业以后，这位睿智的母亲为女儿递上一杯热腾腾的牛奶，亲切地对女儿说："好孩子，来，休息一下吧，妈妈给你讲个故事。"

于是，她讲了一个孩子怎样从小偷小摸走上犯罪道路的故事。讲完故事，她只字未提10元钱的事，而是轻轻问女儿："故事好听吗？妈妈下次再给你讲。"她深情地看了看女儿闪动的清澈的眼睛，给女儿盖好被子，道了声："妈妈爱你，晚安。"第二天清早，母亲发现餐桌上压着那张10元钞票，旁边还写着一张纸条："妈妈，我也爱你。"

每个人都难免犯错误，简单粗暴的批评可能会让孩子产生强烈的逆反心理，而让"甜甜"的批评诱导孩子，就能将孩子"犯错误"过程中的不利、消极因素转化为有利的、积极的、合情合理的因素，给孩子以自我反省的契机、自我修正的时间。上述故事中的母亲正是利用了"椰壳效应"对孩子进行"甜甜"的批评，结果孩子很快就认识到了自己的错误所在，并及时进行了改正。

父母错误做法：对孩子的错误进行粗暴批评

批评是家庭教育的重要手段。因为处于成长期的孩子难免会犯各种各样的错误，对此父母就应该及时地进行指正批评，否则孩子不仅会意识不到，还会一而再、再而三犯同样的错误。但是很多父母在批评孩子的时候，经常会犯这样一个错误，他们总是不注意批评的技巧，总是对孩子进行简单粗暴的批评。

如孩子不听话，不完成作业，书写不认真，欺骗父母、老是做坏事等等。一旦发生这些事，父母往往会板起面孔或大发雷霆，或当众训斥一番，挖苦一通，更甚者对孩子实施惩罚……这些惯用的直接、简单而颇带火药味的教育方式虽能显示家长的威力，但会深深地伤害孩子的自尊心，使他们难以产生自觉改正错误的念头，甚至对父母的当面批评或指责产生逆反心理和厌烦情绪，形成越批评孩子，他们就越"需要"批评的恶性循环。

心理专家建议：给批评穿上糖衣

批评是把双刃剑，用得恰当，就是一剂良药，可以让孩子心服口服，成为孩子改正错误的契机，使批评收到良好的效果；用得不好就会像一柄利刃刺伤孩子的心灵，伤害孩子的自尊心和自信心，容易使孩子产生逆反心理并造成孩子与父母的对立。心理专家建议父母应该巧妙地借用椰壳效应，采取适当的批评方式与措施，这样就能让批评收到事半功倍的效果。

1．先赞扬后批评

孩子都喜欢听赞扬的话，而不喜欢听批评的话，甚至一听批评就表现出与父母的对抗。因此，父母在批评孩子之前，可以先对孩子的进步予以赞扬，也可以用赞扬代替对孩子的批评。比如孩子不好好学习，父母可以先赞扬孩子头脑灵活、点子多、语言表达能力非常强、观察力也不错，然后对他说："如果你能把这些优点都用在学习上，那么，你也可以成为好学生。"

2．巧妙地指出"美中不足"

有些父母在批评孩子时，也是先对孩子进行赞扬，但是一阵赞扬过后，却一个急转弯——"可是"。孩子一听"可是"心里就反感。假如父母可以换"可是"为"如果"，比如孩子淘气，把邻居家的玻璃打碎了，父母可以先赞扬他聪明、正直、人缘好、能力强等优点后，然后对他说："如果你能做事再细心些，凡事多想想后果的话，你一定会成为最棒的孩子！"那么孩子经过赞扬与鼓励后，以后再做事时，就会认真思考父母的话，不会再轻举妄动了。

六 超限效应：不要过多地批评孩子

父母批评孩子的时候，一定要把握好一个“度”，如果几次三番总是对孩子做同样的批评，不仅起不到教育孩子的作用，反而会让孩子反感、讨厌。

一次，美国著名作家马克·吐温到教堂听牧师的募捐演讲。最初，他觉得牧师讲得很好，令人感动，就准备捐出自己身上所有的钱。过了十分钟后，牧师还没有讲完，他有些不耐烦了，决定只捐一些零钱。又过了十分钟，牧师还没有讲完，他决定一分钱也不捐。

牧师终于结束了冗长的演讲！开始募捐时，马克·吐温由于气愤，不仅未捐钱，相反，还从盘子里拿走两元钱。

一般而言，刺激过多、过强或者作用时间过久，都会让接受者不耐烦，进而引起他们的反感或者逆反。这就是心理学上经常提到的“超限效应”。“超限效应”的现象在家庭教育中是经常可以看到的，例如当孩子犯错误的时候，父母会一次、两次、三次甚至四次、五次地对孩子做同样的批评。最开始的时候，这些批评会让孩子感到内疚，但当这些批评变成老生常谈的时候，孩子们就会反感、讨厌，甚至会出现“我偏要这样”的反抗心理和行为。

别把孩子逼上梁山

家庭教育中，很多父母都希望自己的孩子是最好的，是最优秀的；为此，他们总是不能忍受孩子犯错误，大到考试成绩是否理想，小到衣服扣子是否系好，头发是否梳理成父母喜欢的发式。一切的一切，父母都要插手，都要批评半天。事实上，孩子只要不犯大错误，对一些不符合父母标准的小问题，父母可以加以提醒，不需要横加批评。

很多父母都认为批评能够帮助孩子改掉身上的某些坏习惯，批评得越多，孩子改掉的可能性就越大，事实证明这是根本不可能的。相反，父母如果能够调整自己不良的教育习惯，适当地鼓励孩子，而不是一味批评，则会起到良好的教育效果。

正在读中学的赵凯是旁人和父母眼里的“问题少年”。他学习成绩很差，不喜欢上学，对什么事情都抱有一副无所谓的态度；做什么事情他都是独来独往，基本上没有朋友。

赵凯的父母曾经多次把他送进各种培训班，并且为他请了不少家教，但是他的成绩依旧是毫无起色。不管在生活中遇到什么事情，赵凯都不跟他的父母说，在家里，他与父母很少沟通，无奈之下，他的父母带他去看心理医生。

教育心理学家经过多次与赵凯的沟通发现，导致赵凯行为异常的根本原因是他的叛逆心理，对于他的父母，他甚至表现出了一种近乎仇恨的反感。原来，赵凯从小到大，几乎从来没有听到过父母的表扬，倒是批评不断，且从来不分场合。正是由于父母在教育方法上的错误，导致了赵凯对生活毫无热情，没有目标感，对学习更是没有一点兴趣。

父母错误做法：抓住孩子的缺点不放

孩子还尚处于成长期，人生阅历很少，思想也不成熟，如此一来，犯错对他们来说就变成极为平常的事情。但现实生活中，很多父母往往不能够容忍孩子犯错误。孩子考试的时候，因为马虎，有一道题没有做对，有的父母就要唠叨上半天，严重者甚至会从孩子的这次考试批评到下一次考试……如此这般，很多父母总是抓住孩子的缺点不放，“小题大做”，“无限夸张 ”，让孩子在“我不行，我很笨”的心态中归于失败。

的确，一旦受到批评，孩子总需要一段时间来恢复心理平衡。受到重复批评之后，他们心理难免会嘀咕：我不就做错一次吗，为什么批评起来没完没了？这样，孩子挨批评的心情就无法复归平静，犯错违规的冲动没有化解，反而被压抑，成为一种心理情结，削弱了孩子的防御能力与生存能力，使孩子的反抗心理高亢起来。

心理专家建议：批评孩子，要把握好“分寸”

很多父母总是认为“打是亲，骂是爱”。殊不知，在你们的打骂下，孩子的心已经和父母越来越远。教育专家研究发现，对孩子的教育中出现过多的批评，会导致孩子有意识地逃避批评或者逃避可能导致批评的环境。例如经常被父母批评不敢下水学游泳的孩子，最后会产生一种对水的惧怕心理，严重的甚至连走进河边、池塘或者游泳池的勇气都没有；父母经常责备孩子英语不好，孩子就可能会产生放弃学习英语的念头，严重者甚至会放弃其他科目的学习。所以说，在批评孩子的时候，父母一定要防止“超限效应”的出现。心理专家建议父母应该注意两点：

1. 犯一次错，只批评一次

在批评孩子的时候，为避免“超限效应”的出现，父母对孩子的批评不能超过限度，应坚持“犯一次错，只批评一次”的原则。如果非要再次批评，不应简单地重复，要换个角度、换种说法。这样孩子才会感觉父母没有揪住自己不放，厌烦心理、逆反心理也会随之降低。

2. 批评不能滥用

父母在批评孩子之前，一定要先了解清楚事情的原因，不能偏听偏信，在没有证实、孩子没有承认的情况下就对孩子滥用批评。例如孩子不小心碰翻了一杯奶或者打碎了一个杯子，父母就没有必要小题大做，为这样的事情去批评孩子。在这种情况下，父母只要淡淡地说一声：“拿抹布把奶擦掉”、“拿扫帚把玻璃扫掉。”让孩子自己收拾残局就可以了。

七 欧弗斯托原则：这样劝孩子才有效

与孩子交谈时，想要让孩子接受你的某个建议，开始的谈话就应该让孩子不反感、不反对，这样孩子才会有接受你建议的可能。

情人节又到了，小敏希望丈夫能送她一条铂金项链当情人节礼物。后来，当丈夫问小敏希望得到什么样的情人节礼物时，小敏没有直说，却讲："亲爱的，今年就不要送我情人节礼物了，好不好？"

"为什么？"丈夫很奇怪地问她，"情人节一定要送礼物给你。"

没等丈夫说完，小敏又接了一句，"过几天我生日的时候也不要送礼物了。"

丈夫更加奇怪了。这时，小敏不好意思地小声说："把这两次的钱存起来，等存多了，我希望你给我买一条铂金项链。"

结果，情人节那天，小敏如愿以偿地得到了一条铂金项链。

上述故事中，小敏很注意说话的技巧，她在开始与丈夫说话的时候，提出的要求不但没有让丈夫感到反感，反而使丈夫觉得很好奇，接下来，当丈夫知道了她的真正原因，自然会很乐意满足她。其实，小敏的这种做法在心理学上被称为"欧弗斯托原则"，它给人们的启示是，当你想要说服一个人的时候，先要让他不反对你的意见，然后才有可能让他接受你的意见。因为这个原则最初是由英国心理学家E · S · 欧弗斯托提出的，因此被称为"欧弗斯托原则"。其实，这个原则同样也适用于亲子沟通上，即父母如果想要说服孩子，就应该先要孩子不反对你的建议，这样，孩子才会有接受你建议的可能。

你会说话，孩子才会听话

在我们的身边，总会听到父母抱怨现在的孩子不听话，即便是说破了嗓子，说破了天，孩子还是不理解父母的苦心。其实，当我们不停地在孩子身上找原因的时候，是不是也该换一种思维方式，想一想自己的身上是不是也存在一些问题呢？其实，孩子不听话的最主要原因就是因为父母不会说话。如果父母与孩子交流的时候懂得利用一些说话技巧，孩子自然会乖乖听你的话。

蕊蕊是小学四年级的学生，回到家里，她所做的第一件事就是打开电视，找动画片看，把老师布置的作业忘得一干二净。开始的时候，她的父母总是说："乖女儿，别看电视了，赶快写作业吧，你明天还要交呢！"可是不管怎么劝说，孩子就是不听。

后来，蕊蕊妈妈意识到，孩子在学校学习一天了，非常辛苦，回到家里就是希望休息放松一下，听到父母说这种话，肯定是不喜欢听的。于是她决定换一种说话方式。于是，第二天，当蕊蕊放学之后又准备开电视时，她说："乖女儿，妈妈知道你在学校学习一天了，真是很辛苦。其实妈妈也很累，上了一天班，回家还要做饭、洗衣服……"

妈妈说这样的话，首先是站在孩子的立场上，然后传达给孩子这样一个信息，你上学很辛苦，妈妈上班更加辛苦。如此一来，孩子自然会轻易地接受父母所提出的建议。

父母错误做法：用命令的方式来说服孩子

孩子淘气，父母着急，说教无效，打骂不妥，威信尽失。这是很多家庭的现实写照，很多做父母的不明白，为什么自己说什么话孩子都不听呢？原因是在与孩子交流的时候，父母多不注意说话的技巧，常常用责骂、吵架来代替与孩子平静地交谈。

例如，很多父母发现孩子不写作业时，总是说："你再不写作业，晚上不许吃饭"；有的父母发现孩子与异性交往，在还没有弄清状况的情况下，就对孩子说："你再和××来往，看我不打断你的腿。"如此这般，父母们总是试图用命令、威胁、训斥、打骂等方式，来说服孩子。而这种简单粗暴的方式不仅不能让孩子心服口服，还会让他们觉得父母不可理喻，进而拒绝听从父母的话。

心理专家建议：与孩子交流，说话技巧很重要

教育专家孙云晓认为，没有不听话的孩子，只有不会说话的父母。父母要想教育好孩子，让孩子听话，就要掌握一些必要的语言技巧和讲话原则。要知道，你会说话，孩子才会听话，那么，父母究竟应该怎么做呢？

1. 说话要让孩子听懂

很多时候，孩子也许根本就没有听懂父母的话，父母以为孩子知道怎么做了，其实孩子不知道。比如要求孩子专心学习，到底怎么个专心法，父母没有给孩子详细的指导，于是孩子走神也好，装模作样也罢，原因都在于父母没有把话说清楚。所以父母在对孩子提出要求时，还需要让孩子清楚行动中的具体细节要求。

2. 父母对孩子要尊重

其实，孩子不听话的主要原因还在于父母对孩子不够尊重，把孩子当成了自己的“私有财产”，想打就打，想骂就骂，言行粗鲁，态度蛮横，这是对孩子极大的不尊重，很容易伤害他们的自尊心。这样做，也许一时可以让孩子忍受，时间久了，必然导致孩子的逆反心理。

3. 父母要了解孩子的个性

每个孩子都有自己的思想与个性特征，因此，父母不能按同一个标准来要求不同的孩子，更不能把适用于别人的行为准则生搬硬套用在自己孩子的身上。这就需要父母平时多了解孩子的性格，对什么孩子说什么话，这样才能让孩子喜欢听你的话，也更愿意听你的话。

4. 不妨先退一步，再讲道理

与孩子交谈的时候，不妨先退一步，同意孩子的观点，再去和孩子讲道理。例如，冬天的时候，孩子非要光脚在地板上走路，不管父母怎么警告都不听，这时可以换一种说法，如：“宝贝，妈妈知道光脚在地上走很舒服，可是你忘了上次就是因为你光脚在地板上玩，结果晚上就感冒了，你夜里咳嗽、呕吐，难受得要命……”如此这般，肯定会收到不一样的效果。

八 心理暗示：

运用积极的暗示来教育孩子

教育孩子时，有些话可能不好说出口，这个时候父母可以采取旁敲侧击的沟通方式，教育效果可能会更好。

苏格拉底为了考验学生，拿出一个“苹果”，对学生说：“同学们要集中注意力，闻闻空气中苹果的香味。”过了一会儿，他问学生：“在座的哪位同学闻到了苹果的香味？”这时有一位学生举起了手。

苏格拉底见只有一个学生闻到，就又大声问：“还有哪位同学闻到了？”这时候，大家你看看我、我看看你，都默不作声。苏格拉底再次叮嘱学生们要注意空气中的气味，并特意拿着苹果在教室内转了一圈。然后他又问学生闻到苹果的香味没有。结果大部分学生都举起了手。

停了一会儿，他又问了同样的问题，结果全体学生都举起了手。这时，苏格拉底缓慢而严肃地说：“这只是一个苹果模样的玩具，什么味道也没有。”

为什么原本没有味道的“假苹果”，学生们却都能从空气中闻到香味？其实这就是一种心理暗示。在整个过程中，苏格拉底一直在很隐蔽地强调这是一个真苹果，这个苹果是有香味的，结果，学生在不知不觉中受到了这种心理暗示的影响，无法正确地用自己的感觉进行判断。

心理暗示也同样可以用于家庭教育当中。因为孩子知识少、社会经验少、缺乏思考力，是一个比较容易接受暗示的群体，如果父母在教育的过程中能够利用积极的心理暗示，则往往可以起到“润物细无声”的效果。

积极的暗示胜过给孩子讲道理

所谓“心理暗示”，是指在无对抗的条件下，用含蓄、间接的方式，对人的心理和行为产生影响。心理暗示不需要讲道理，它通过语言、动作、表情等多种方式来达到暗示的效果。如上述故事中苏格拉底所用的方式就是语言暗示；有的父母为了让孩子吃饭，故意装出吃得津津有味的样子，这对孩子就是一种“动作暗示”……

其实，在教育孩子的过程中，偶尔运用积极的暗示不失为一种有效的教育方法；因为大多数孩子的自尊心都很强，不愿意接受别人对他的批评，更不愿意让别人当面指出他的错误。这个时候，如果你能够旁敲侧击、不露声色地给孩子以暗示，孩子在感谢你对他表示尊重的同时，也更容易改正错误。

儿子上了初三以后，母亲发现他总喜欢看男女情爱的书，有时还会坐在桌子前发愣，电话响了就着急接电话。于是意识到，儿子可能是早恋了。

母亲和父亲商量之后，决定运用暗示的方法教育孩子。双休日，一家人去公园看花展。母亲感叹地说：“鲜花都是按季节开放的，其实人也一样，青春花蕾不可随意提早开放，否则没有花香不说，还不会结出果实来。”

父亲也似乎有感而发，“是啊，这让我想起我初中时候的一个哥们儿，他学习成绩本来挺好，结果因为早恋留级、退学。我前几天听说因为文化水平低，他又被单位辞退了。哎，本来他可以有个好前途的。”

这个时候，父母发现儿子低头不语，表情很不自然，他们知道自己的旁敲侧击已经对儿子产生了作用。结果不久之后，儿子就从早恋中解脱出来了，重新把精力投入到学习中去了。

父母错误做法：经常给孩子消极的暗示

现实生活中，孩子常常会感受到来自父母的消极的暗示，这严重打击了孩子的自信。如有的父母在与别人谈论孩子时，常常会说“我的孩子怎能和你的孩子比呢？脑子不好用”；“唉，笨就笨吧，这就是他的命，他的命不好，有什么办法”；“我家那孩子不是学习的料，学不会”；“他要是有你家孩子的一半聪明就好了”等。事实上，这种带有消极性暗示的话从父母口中说出，无疑给孩子当头一棒。结果可想而知，这些孩子过早的失去了在学习方面的信心，甚至有的会产生一种强烈的叛逆和对环境的仇视情绪。

心理专家建议：给孩子积极的暗示

爱丁堡大学教育心理学马丁教授曾经做过这么一个试验：他把一群孩子随机分成两组，然后告诉老师，A组是优等级组，在智力、意志品质和特长上明显较好；B组则相反。老师收到这种信号后各自开始相同课程的教学。一个学期后，A组的成绩和各项测评真的优于B组。后来又经过几组实验，结果相同。这一试验就说明，积极地暗示，尤其是这种暗示来自亲人、朋友或老师，肯定会对孩子在心理和心智方面产生良好的作用。那么，如何对孩子进行积极的暗示呢？中央电视台少儿频道曾经给父母提出以下几点建议：

1．对孩子的暗示要充满真挚的爱的情感

只有无私的爱才能真正发现对孩子有益、有用的暗示。它有时能发现孩子在某方面的潜能，“这孩子聪明，很懂事”；有时是对孩子性格中优秀成分的敏锐捕捉，“这孩子这么小，就愿意与小朋友分享自己的玩具”；有时是对他智力的真诚赞美，“我们家宝宝现在就会数数了，能从一数到一百呢！”

2．对孩子的暗示不能是夸张或者故意掩饰缺点

来自父母的暗示，常常会有夸大和期望的成分。但是对孩子明显的缺点也大加赞赏会养成孩子在品质上的一些坏习惯。比如，有个孩子拿了妈妈的钱自己买零食吃，家长知道后不但不批评而且还夸奖自己的孩子：“你看，我们家宝宝会花钱了，知道钱重要了”。不顾事实，一味好胜，缺乏对真理的必要的认知和传授，这样的暗示，与消极的暗示所带来的坏处一样。

3．对孩子的暗示要能引起他们身心的愉悦

不要轻易给孩子下定义。当孩子确实在某些方面做得不够好，应避免用以下语句："你看人家小强比你小，做得都比你好！""你怎么这么不争气呀"等等。因为这样很容易给孩子造成一种差和无能的暗示，会导致孩子出现挫折感。父母不妨用以下语句："我相信你下次会做得更好。""你一直就是最棒的，不是吗？"同样一件事，后一种暗示就能引起孩子的身心愉悦。

第四章

父母勤提醒，孩子好品行

著名教育家叶圣陶先生认为，教育的目的就是培养孩子的习惯。所以说，父母在教育孩子的过程中千万不能忽视对孩子习惯的培养，例如日常生活中一定要培养孩子的勤俭节约等良好习惯；帮助孩子戒除拖沓等不良习惯。

一 强化定律：
好习惯在于不断强化

在处理孩子的问题上，如果父母奖惩分明，强化孩子的好习惯，弱化孩子的坏习惯，则孩子好习惯的培养一定会变得更加容易。

科学家们曾经做过这样一个有趣的实验：

他们特制了一个大水槽，把鲸鱼和一些小鱼都放进去，小鱼很快被吃得精光。

接下来，科学家们把一块特制的玻璃板放进了水槽，把鲸鱼和小鱼分到了两边。看到食物就在眼前，饥饿的鲸鱼凶狠地朝小鱼扑去。对鲸鱼来说，它是看不到玻璃板的存在的。于是，鲸鱼结结实实地撞到了玻璃板上。鲸鱼不甘心，一次又一次地进攻，但每次都撞得昏天暗地，这个时候它终于明白这些眼前的小鱼是吃不得的。于是它选择了放弃，而它的猎食行为因为没有得到强化逐渐消失了。

实验还在继续，科学家们把特制的玻璃板拿走了。奇怪的现象发生了，看到小鱼在眼前晃来晃去，鲸鱼却熟视无睹。因为，多次的碰壁之后鲸鱼认为，这些小鱼是吃不到的。最后，强大的鲸鱼居然饿死在水槽里，它的猎食本能因为没有得到强化而消失了。

这就是心理学上著名的“强化定律”。它给我们这样一个启示，人和动物的本能，如果不能得到强化，会随着时间的流逝而消失。为人父母，其实可以将这一定律运用到对孩子的培养中，例如可以通过奖励使孩子的好习惯得到强化；可以通过惩罚使孩子的坏习惯慢慢弱化。如此一来，培养孩子的好习惯就变成一件非常简单的事情了。

恰当的鼓励，可以促进孩子好习惯的形成

日常生活中，孩子的好习惯和坏习惯是同时存在的，那么如何让孩子去掉坏习惯保留好习惯呢？这是令很多父母都非常头疼的问题。但是如果能够把“强化定律”运用到教育中来，事情就会变得容易起来。例如，对孩子好的行为进行适当的奖励，这不仅是对孩子行为的一种肯定，还能够激发孩子的兴趣和自信心，以及自豪感。特别是对那些能力相对较弱的孩子来讲，父母要给予孩子足够的奖励，哪怕是点滴的进步，也要给予正向的强化。在父母一次次的肯定中，孩子会逐步建立起自信，好习惯也会慢慢养成。

为了培养宁宁爱劳动、讲卫生的好习惯，他的父母一直对宁宁采取奖励的办法，事实证明很奏效。每天早上，妈妈都要求他自己清扫、整理房间，让他把自己的东西整理放好，把父母打扫房间的垃圾扔进垃圾桶里。如果宁宁做到了这些，父母就答应让他多看一个动画片，或者晚上多给他讲一个故事。如果宁宁连续一周都能做到，那么周末就带宁宁去儿童游乐园玩。两个月后，宁宁的父母发现，即使不给宁宁承诺任何奖励，宁宁也能够自觉地做这些事情了。

另外，在培养宁宁良好习惯的同时，宁宁父母也不忘对宁宁的不良行为进行惩罚。例如，宁宁喜欢骑自行车，每天都要骑上一阵子。有一次，妈妈陪他在楼下骑自行车，他看见一个小朋友玩跳绳，就跑过去抢过跳绳不给人家。这时，妈妈对他说：“你赶快把跳绳还给小朋友，否则我不让你骑自行车。”这时，宁宁还是不情愿还给小朋友，妈妈又对他说：“罚你明天一天不准骑车子，记住，以后再抢小朋友的玩具就不准骑车。”第二天，不管宁宁怎么央求妈妈让他骑车子，妈妈就是不同意。为此，他记住了这一惩罚，从此再没有抢过小朋友的玩具。

父母错误做法：做出的承诺不能兑现

现实生活中，很多父母也明白要想让孩子养成良好的习惯，戒除孩子不好的行为，奖惩是非常有效的一个办法。但是在实际操作的过程中，他们往

往是说得到做不到，做出的承诺不能兑现。如此一来，培养孩子良好习惯的目的自然难以达到。

例如，有很多父母承诺孩子如果吃完饭自己洗碗，就可以让孩子多玩半个小时的电脑游戏，结果呢，孩子饭后自己乖乖把碗洗了，父母并没有延长他们玩游戏的时间；还有的父母，答应孩子每天按时起床，就带孩子去游乐场玩，可是尽管孩子按时起床了，父母还是没有兑现自己的承诺……如此一来，孩子就会觉得父母说话不算话，做事的积极性就会消失，有的孩子甚至会产生逆反心理，拒绝以后再做这类事情。

另外，有的父母不仅不能兑现对孩子进行奖励的承诺，惩罚孩子的承诺也常常不能兑现。例如，孩子因为淘气故意把玩具弄坏，当时父母可能会惩罚孩子说以后再也不给买玩具了，结果呢，不到一周的时间内又把新的玩具买了回来……类似的事情很多。结果孩子发现父母的惩罚仅仅是挂在嘴边而已，他们会更加肆无忌惮，甚至会做出更不好的行为来。

心理专家建议：奖励和惩罚，也应该注意方法

洛克在《教育漫谈》中曾经提到："教育孩子不应该使用那些最容易忘却的规则，你认为他们必须做的事情，只要条件允许，就让他们通过一些必需的实践活动养成习惯；而只要可能，还应给他们创造条件。这样，他们就会养成习惯，而习惯一经养成，则无需记忆之助，他们也能轻而易举地自然行动了。"事实上，奖励和惩罚的方法，就是一种强化行为习惯的过程。但是，心理专家建议父母们，奖励和惩罚，也应该注意方法：

1.不对孩子滥用权力

许多父母在对孩子无法实行有效的教育手段时，就会动用权力，强迫孩子去做，这种带有惩罚性的教育方法是武断的，也很难成功。因为压迫越大，反抗也就越强，开始可能孩子在父母的强制下做，可是次数多了，他就会产生很大的反抗情绪，最终导致亲子关系恶化。

2. 奖励一定要及时

如果孩子按照你说的去做了，作为父母就应该马上给予奖励，否则时间一长就失去了奖励的作用。比如，孩子按时起床，然后打扫房间卫生等，父

母之前承诺奖励孩子早餐去吃肯德基，结果孩子做完了，父母却轻描淡写地说："明天吧，今天实在没时间。"此时孩子会觉得父母在骗自己，做事的积极性会被打消，即使你日后再带他去，也不会让孩子感到高兴。

3．不用金钱奖励孩子

父母不要用金钱来奖励孩子。因为父母用钱来奖励孩子，可能使孩子产生金钱万能的观点，进面引发对金钱的盲目崇拜。在孩子成长的过程中，父母的鼓励和认同是不可或缺的。但要注意的是，这种奖励必须是纯洁的，着力于精神的，有益于心灵的，而不是沾满铜臭味的。

二 路径依赖：

让孩子从小养成良好的习惯

孩子的习惯就像走路，如果人们选择了一条道路，就会一直沿着这条路走下去。因此，从小培养孩子良好的习惯将影响孩子的一生。

专业人士都知道，现代铁路两条铁轨之间的标准距离是四英尺又八点五英寸。为什么是这个标准而不是其他标准呢？

原来，早期的铁路是由建电车的人设计的，而四英尺又八点五英寸正是电车所用的轮距标准。

最先造电车的人以前是造马车的，而且这个标准沿用的是马车的轮距标准。

马车为什么会采用这个标准呢？因为英国马路轨迹的标准是四英尺又八点五英寸。如果马车的轮距改变，在路上行驶起来就比较困难。

可是，马路的轨迹又是怎么得来的呢？这源于古罗马，因为英国最早的马路是古罗马人铺设的，而这个宽度正是古罗马战车的宽度。

可是古罗马的战车为什么会采取这个宽度呢？原因很简单，因为牵引一辆战车的两匹马屁股的宽度正好是四英尺又八点五英寸。

更为奇妙的是，这个宽度影响到美国航天飞机燃料箱两旁的两个火箭推进器的宽度。这是因为这些推进器造好之后要用火车运送，路上又要通过一些隧道，而这些隧道的宽度只比火车轨宽一点，因此火箭助推器的宽度是由铁轨的宽度所决定的。

这就是著名的“路径依赖”法则。它给我们的启示是，一旦人们在生活中选择某一路径，在以后的发展中，就会依赖这一路径，而且很难轻易走出属于自己的道路。后来，这一法则给为人父母们这样一个启示，如果让孩子从小就养成某一习惯，之后这一习惯就很难更改。

好习惯会成就孩子的一生

一个孩子自幼养成的习惯，将直接影响到他一生的命运。习惯一旦形成，便成为一种半自动化的潜意识行为，对人生、事业、生活起着永久性的作用。良好的习惯就像是人存放在自己身体的“道德资本”，而人在一生中都会享受着他的“利息”。中国有句俗语：“三岁看大，七岁看老”，其具体含义就是从孩子儿时的习惯推测他的将来。而大量事实证明，一个人习惯的好坏将决定他一生的成功与否。

1988年，75位诺贝尔获奖者聚会巴黎。记者问一位荣获诺贝尔奖的科学家：“请问您在哪所大学学到您认为最重要的东西？”这位科学家平静地说：“在幼儿园。”“在幼儿园学到什么？”记者接着问道。“学到把自己的东西分一半给小伙伴，不是自己的东西不要拿，东西要放整齐，吃饭前要洗手，做错事要道歉，要仔细观察大自然……”正是这些良好的习惯，使这位科学家从一个平凡的人走向诺贝尔奖的领奖台。

同样，毛泽东小时候非常喜欢读书，为了锻炼自己能集中精力学习，他专门来到城门洞读书。无论身边发生什么情况，他都毫不动心。刚开始的时候，看了一会儿，就有点坚持不住了。但后来，凭着顽强的毅力，他每天都强迫自己比前一天多看10分钟。习惯成自然，久而久之，就养成了专心致志的好习惯。长大以后，毛泽东果然成就了不朽的事业。

的确，如果一个人能够在小时候就养成良好的习惯，如按时起床、每天跑步等，那么以后的日子里，你想要让他放弃这一习惯都非常困难。因为有一种惯性的、本能的力量在督促着你去行动。因此说，良好的习惯会影响孩子的一生，而这一习惯越早养成，孩子就越容易依赖，为人父母，还是从小就注意培养孩子的好习惯吧！

父母错误做法：认为孩子长大之后好习惯会自觉养成

在养育孩子的过程中，有很多父母总是会产生这样的观念，他们认为孩子小时候养不成好习惯不要紧，长大之后，好习惯会自动养成的。有的父母甚至会认为等孩子长大之后，小时候的坏习惯是可以改正的。因此，他们总是疏于对孩子好习惯的培养。例如他们能够容忍孩子好吃懒做，甚至对孩子小偷小摸的行为也会采取纵容的态度，还有的父母认为孩子在学校调皮捣蛋没有什么不好……

他们总是心想，等孩子长大了，被生活所迫的时候，自然会变得勤快；等孩子长大了，小偷小摸的习惯自然会改掉；等孩子长大了，自然会变得乖巧懂事、成熟稳重……可结果呢，孩子长大了，愈发地好吃懒做；孩子长大了，小偷小摸的习惯不但没有戒掉，反而变成了大偷大摸；孩子长大了，依然到处惹是生非。这个时候，再去纠正孩子的这些习惯，就变成了一件困难的事情了。

心理专家建议：孩子的好习惯，应该从小培养

哲学家威廉·詹姆士说过："播下一个行动，你将收获一种习惯；播下一种习惯，你将收获一种性格；播下一种性格，你将收获一种命运。"这句话不仅道出了习惯的重要性，还告诉我们习惯的养成要从行为入手。那么，在孩子尚小的时候，父母应该怎样去培养孩子的好习惯呢？可以从以下几点着手：

1. 决不能姑息孩子的错误行为

孩子成长的过程中，做出某种错误行为是在所难免的。但父母不能因为犯错是很正常的事情就姑息孩子的错误行为，这种做法对孩子良好习惯的养成是极为不利的。因为如果父母对孩子的错误行为不以为然，孩子就会抱着一副无所谓的态度。久而久之，犯错对孩子来说就变成了一件自然而然的事情。

2. 培养习惯从小事做起

好习惯往往表现在生活中的各种微不足道的小事上。比如做事认真的习惯，体现在心思缜密，考虑问题周全，不丢三落四，做事有计划、有条理，观察细致，等等。许多家长常常忽视了这些细节和小事，对孩子听之任之，认为"树大自然直"，这种认识是不正确的。

3．要做长期的坚持

为了培养孩子的良好习惯，父母要做到坚持不懈、持之以恒，直到孩子形成良好而稳固的习惯为止。良好习惯不是在短时间内就可以形成的，而且在形成过程中，还经常会有相反的力量在与之抗衡。比如诚实守信，只要有一回因逃避责骂而说谎，就会使孩子丧失对好品德的追求。

4．让孩子多参加实践

培养孩子的好习惯，不只是对孩子一味地说教，还要让孩子参与到实践中来。正如叶圣陶所说的：要养成某种习惯，要随时随地加以注意，身体力行、躬行实践，才能“习惯成自然”。如果父母只注重对孩子进行说服教育而忽视了实践的重要性，那么，好习惯是不会真正形成的。

三 水滴石穿定律：

从小培养孩子的耐心

耐心被认为是一个人心理素质优劣的衡量标准之一，也是决定孩子未来成功的重要因素之一。因此，父母一定不能忽视对孩子耐心的培养。

在一个小山洞出口处，许多石头上的小洞引起了人们的注意。大家心想，是什么东西把这么坚硬的石头给凿穿的呢？突然，人们发现一滴水滴从上面的石壁上滴了下来，正好滴在石头上的小洞里，“啪”的一声溅出一朵水花。这滴水滴给了人们答案，原来，把坚硬的石头凿穿的就是水滴。

古人说：“滴水穿石，非力使然，恒也。”滴水之所以能穿石，是因为在漫长的时间里从未停过，始终有着一股坚忍不拔的精神。这就是人们经常所提到的水滴石穿定律。其实，一个人不管做多么难的事情，只要有耐心，那么不管他的能力大小，当他努力到一定程度时，就会获得成功。这就给为人父母者一个启示：要想使孩子在未来的人生道路中能够有所成就，培养孩子的耐心是必不可少的。

让孩子学会等待

常听到一些父母抱怨自己的孩子：“我的孩子并不比别的孩子笨，就是没耐心，做事总是虎头蛇尾，半途而废。”针对这种情况，父母应该知道，做事是否有头有尾，有始有终，属于心理活动中的耐心问题。孩子是否有耐心，对其长大后学习、工作的成败都有着重要的影响。因此，父母一定要注意在日常生活中培养孩子的耐心，让孩子学会等待。因为人生不能没有等待。在等待中，孩子会逐渐明白：世上本没有一蹴而就的成功，也没有信手拈来的幸福，所有的东西都要靠自己付出艰辛去争取，付出汗水去培育，付出耐心去等待。

有一个小朋友，对生物学很感兴趣，一直以来他都很想知道，那些蝴蝶是怎么从蛹蜕变而成的。

有一次，他在草原上看见一个蛹，便带回了家。过了几天以后，这个蛹出现了一条裂痕，看见里面的蝴蝶开始挣扎，想抓破蛹壳飞出来。

这个过程达数小时之久，蝴蝶在蛹壳里面辛苦地拼命挣扎，怎么也没法出来。这个小孩开始于心不忍，就想帮帮它吧。便随手拿起剪刀把蛹剪开，使蝴蝶出来。

但蝴蝶出来以后，因为翅膀不够有力，飞不起来，只能在地上爬。

那个小孩不知道，蛹变成蝶，挣扎是其生命历程中必将经历的一个过程。只有这样，才能够锻炼它那一双翅膀，否则蝴蝶的翅膀是没有任何力气的。人又何尝不是如此，要想有所成就，就必须有等待的耐心。欲速则不达，没有耐心是万事难成的。

父母错误做法：及时满足孩子的要求

很多父母埋怨孩子没有耐心，天生的急性子。其实造成这种现象的主要原因是父母对孩子的要求总能够及时满足。孩子想要什么，父母会马上给予，例如，孩子想要一块泡泡糖，妈妈就马上去超市给他买；孩子想要吃麦当劳，妈妈就立即带他去；孩子想去游乐场，妈妈二话不说就带上孩子出门；孩子想要一个芭比娃娃，妈妈立刻就送给他……孩子所有的要求，都能够轻而易举地得到满足。经常处在这样的情况下，父母的动作稍慢一点，孩子就会大呼小叫，性格急躁，缺乏耐心，以致在以后做事的过程中有始无终。

心理专家建议：用耐心培养耐心

柏拉图曾经说过：“耐心是一切聪明才智的基础。”培养孩子的耐心不仅有助于孩子的学习，还有助于他在以后的工作中保持更好的心理优势。可事实是，很多孩子缺乏耐心。想要的东西立刻就要拿在手里，想做的事情立刻就要实行。其实这不足为怪，因为耐心不是天生就具备的，而需要后天的培养。当孩子哭闹不止时，父母一定要不为所动，以培养孩子的耐心。只有父母付出耐心，才会培养出孩子的耐心。那么，父母应该怎样培养孩子的耐心呢？

1. 父母有耐心，孩子才有耐心

很多孩子缺少耐心，是因为父母自己做事经常半途而废，所以，要想培养孩子的耐心，父母必须要耐心做完每一件事。在开始一种新的活动之前，必须让孩子把正在进行的活动有个了结。如让孩子去洗澡，应在开始烧水时就告诉孩子写完作业，就去洗澡。然后在孩子洗澡之前别忘了认真检查作业写完了没有，这本身就是培养孩子做事有始有终的良好习惯。

2. 给孩子设置点障碍

父母应该有意识地给孩子设置点障碍，让孩子自己去克服困难。因为耐心是坚强意志磨炼出来的，越是在艰难的条件中，越能锻炼孩子的耐心。要鼓励他做事不半途而废，每一件事都要经过努力，才能做好。孩子经过努力完成一件事时，应当及时给予表扬，以强化孩子做事有耐心的良好习惯。

3. 要教育孩子学会“迟延满足”

现如今生活富足了，而且多是独生子女，父母爱子心切，因此，不管孩子有什么要求，总能迅速得到满足。长此以往，导致孩子缺乏耐心等待和自我努力的意识，从而错过许多培养耐性的机会。所以父母对孩子的要求，不要立刻给予满足，最好是让孩子通过努力来取得。心理学家通过实验证明，这样培养出来的孩子，比其他孩子更能抵御周围的一些诱惑而坚持把事情做完。

4. 不要打断孩子做事

孩子在做一件事情时，做父母的千万不要去打断，比如孩子在画画时，在看某一部动画片时，在拼图时，你不能因为出发点为孩子好，让他去吃东西，就堂而皇之去打断他，更不能要求他去再做其他的事，这都有助于孩子养成一个做事有始有终的好习惯。

四 狼性法则：培养孩子的好奇心

有了好奇心，孩子才会产生观察的兴趣，才会进行进一步的研究和学习。因此说，培养孩子的好奇心是家庭教育中不可忽视的一个环节。

狼是世界上好奇心最强的动物之一，它们不会将任何事物视作理所当然，而倾向于亲身体验和研究。对于它们来说，无论是一根驯鹿的骨头、一只鹿角，一块野牛皮、一颗小松果，还是露营者遗留的登山背包，抑或是背包里面的各种物品……大自然里每一种了无生机的物品，都有可能成为它们的玩具，每一种事物在它们的眼里，都蕴含着无穷无尽的可能——神秘、新奇的发现，或意外的惊喜，这些都令它们感到惊异与神奇。

因为具有强烈的好奇心，狼与狼之间，甚至狼群与狼群之间会经常进行各种嬉戏。它们有时扭打，有时则躲藏在树木或者岩石后面，然后设陷阱偷袭彼此；它们有时是玩“躲猫猫”，以各种各样的方法追逐友伴。在这种竞赛的过程中，狼从中学到了“自信”，同时也提高了捕捉食物的技能。

其实，人也一样。如果一个人对任何事物都有着强烈的好奇心，他的观察力、注意力、创造力就会很强。因为好奇心的推动，在别人看来是很平常的事情，也会驱使他不断进行观察和学习，并最终做出成就。后来，人们将这种好奇心巧妙地称为“狼性法则”。家庭教育中，如果能够让孩子充满强烈的好奇心，则有利于他日后有所成就。

强烈的好奇心铺就精彩的人生路

美国科学家阿西莫夫说：“好奇心是人类精神最崇高的特征之一。”好奇心是推动每个人获得新的认识的主要动机。没有好奇心，人的探究精神就会缺失。限制和扼杀好奇心，会阻碍个人的发展。幼儿时期的那颗纯真好奇心是智慧的火种，如果能加以保护，定能形成燎原之势，照亮孩子学习和成长的道路，成就精彩人生。因此，为人父母者如果想让孩子的智慧之花早日绽开；让孩子有创新的灵感和激情，就应该培养孩子的好奇心。

爱因斯坦小时候是个安静的孩子，以至于他的父母赫尔曼和波琳认为他“或许太安静了”。爱因斯坦到三岁时才开始说话，父母差点就误认为他是反应迟钝。但有一个明显的事实打消了他们的疑虑，因为他真的开口说话时，说出的话便异乎寻常。

两岁时，母亲波琳许诺给他一个惊喜。小爱因斯坦非常高兴，以为妈妈会带给他一件有趣的新玩具。但当妈妈把刚出生的妹妹玛嘉抱到他面前时，小爱因斯坦只是以疑虑的眼光盯着她，最后说道，“车轮在哪儿？”这个时候，父母发现，小爱因斯坦有着强烈的好奇心，于是夫妇两个决定对他的这种好奇心加以培养。

五岁那年，父亲赫尔曼送给他一个新玩意儿。正是这个小玩意儿启动了他的智力。那是小爱因斯坦第一次见到指南针。他不停地摆弄这个东西，认为自己能将指针拨弄到指向另一个方向。但是无论他怎样摆弄，指针却总是会回到原来指南的位置。“真奇妙”，他想。正是因为有着强烈的好奇心，他踏上了穷其一生的探索之路，并做出了巨大的科学贡献。“我没有特殊的天分，”他常常说，“我只是有强烈的好奇心。”

父母错误做法：对孩子的提问置之不理或直接告知

在孩子成长的过程中，遇到自己不了解的、或是好奇的事情都想要问个究竟。例如孩子小时候经常会问“为什么晚上就没有太阳了”，“为什么爸爸的妈妈叫奶奶，妈妈的妈妈叫姥姥”，“为什么冬天会下雪”，等等。久而久之，即使是最有耐心的父母也会觉得带孩子真麻烦，教孩子真费劲。于是，父母对孩子的问题置之不理，或是不耐烦地用一个简单的答案搪塞过去。其实，父母的这种漠然态度会让孩子觉得自己的问题很无趣，进而会在一定程度上抑制孩子的好奇心。

心理专家建议：向爱因斯坦学习如何培养孩子的好奇心

发明大工爱迪生说过：“谁丧失了好奇心，谁就丧失了最起码的创造力。”科学巨匠爱因斯坦说：“我没有特殊的天赋，只有强烈的好奇心。”关于怎样培养儿童的好奇心，科学巨匠爱因斯坦有过精辟的论述。简单来说，他的建议主要有以下几点，为人父母者可以借鉴：

1. 给孩子充分的自由

爱因斯坦认为好奇心“这株脆弱的幼苗，除了需要鼓励外，主要需要自由；要是没有自由，它不可避免地会夭折。认为用强制和责任感就能增进观察和探索的乐趣，那是一种严重的错误。”

2. 用直观性的实验激发孩子的好奇心

爱因斯坦还认为：“惊奇行为，似乎只是当直觉同我们充分固定的概念世界有冲突时才会发生。每当我们尖锐而强烈地经历到这种冲突时，它就会对我们的理性世界产生强烈的影响。这个理性世界的发展在某种意义上说就是对惊奇感的一种抑制——对‘惊讶’和‘奇怪’的不断的摆脱。”因此，他主张，应该让孩子多看具有直观兴趣的实验，以激发好奇心。一个能引起儿童好奇与追求的实验，比从抽象思维的“闷罐”里得来的二十个公式更有价值。

3. 让孩子充分接触大自然

爱因斯坦认为：“一个人对各种事物的好奇心愈强烈，探索的目光就愈明亮，许多自然界的秘密就会暴露在好奇心的巨大视野之内。”因此，他建议让孩子与大自然充分接触，因为大自然中奇妙的动物、植物、机器等，都可以引起儿童极大的求知热情，进而激起孩子的好奇心。

五 棘轮效应：教孩子学会勤俭节约

古语云："由俭入奢易，由奢入俭难。"太优越的物质条件会让孩子贪图享受，不思进取；作为父母，应该教孩子学会勤俭节约。

古典经济学家凯恩斯认为，消费是可逆的，即人们的绝对收入水平变动必然立即引起消费水平的变化。但另一位经济学家杜森贝却提出了与此相反的观点，杜贝森认为在实际的生活中，凯恩斯的观点是不可能的，因为消费决策是不可能计划出来的，它主要取决于人们的消费习惯。

这种消费习惯受许多因素影响，如生理和社会需要、个人的经历、个人经历的后果等。特别是个人在收入最高期所达到的消费标准对消费习惯的形成有很重要的作用。由于后者的影响，人们的消费习惯在形成之后具有不可逆性，即向上调整比较容易，但如果向下调整则比较困难。尤其是在短期内，这种消费习惯影响更大。

这个理论就是著名的"棘轮效应"。其实用通俗的语言来解释就是，人们在消费水平较高的时候形成的消费习惯，很难在短时间内得到改变，即便收入有所降低。其实，这和"由俭入奢易，由奢入俭难"是同样的道理。因此在家庭教育中，父母一定要使孩子从小养成勤俭节约的好习惯，因为孩子从小习惯奢侈享受，长大之后必将难以应付生活中的困难和挑战。

再富不能富孩子

新学期将至，各大商场的文具柜台也迎来了销售旺季，"开学经济"一浪高过一浪。近百元的文具盒、数百元的书包、近千元的电子辞典……不少文具定价之高令人咋舌，有的孩子的“眼光”之高更出人意料：文具非名牌不买，别人有的文具我一样不能少。是什么原因让孩子们追逐时尚，爱慕虚荣？是因为我们的父母“再穷不能穷孩子”的观念造成的。

“再穷不能穷教育，再苦不能苦孩子。”这一公益广告语如今已深入人心。需要注意的是，这句话的本意是要尽力优化教育环境，改善教学条件，而不是满足孩子奢侈的物质享受。但现在的家庭生活比较宽裕，支出主要用在孩子身上，结果呢，很多孩子逐渐养成花钱大手大脚、不懂珍惜、不懂节约的坏习惯。例如，很多孩子专吃零食不想吃饭；不但挑食，还挑衣服、鞋子、文具等。“棘轮效应”告诉我们，一个人如果养成奢侈的习惯，再去节约就变成一件十分困难的事情了。因此，为人父母者应该做到“再富不能富孩子”。

众所周知，盖茨与妻子都十分疼爱自己的孩子，但是在满足孩子们的一些要求上，他们绝对是一对吝啬鬼。盖茨从不会给孩子们一笔很可观的钱，当小儿子罗瑞还不会花钱，但女儿珍妮佛已经可以拿着一些零用钱买自己喜欢的东西时，罗瑞总是抱怨父母不给自己买他最想要的玩具车。盖茨有自己的说法，他认为：再富也不能富孩子。

近几年，盖茨夫妇已向社会捐款接近10亿美元，他们对社会无比慷慨大方，对孩子却极为“吝啬”。盖茨公开宣布：“我不会给我的子女留下很多钱，因为这对他们没有任何好处。”

父母错误做法：再穷不能穷孩子

“可怜天下父母心”，如今的孩子大都是独生子女，“捧在手里怕掉了，含在口里怕化了”，大多数父母心中的信念就是“再穷也不能穷孩子”，于是想方设法满足孩子物质上的各种要求，哪怕自己节衣缩食，也要让孩子生活得安逸舒适。即使有些父母认识到对孩子过分娇宠，将不利于孩子的健康成长，他们嘴上说“再富不能富孩子”，可实际行动上却依旧让孩子成为家里“先富起来”的那部分人。殊不知，父母的这种做法使得孩子贪图享受、不思进取。

心理专家建议：对孩子进行“穷苦”教育

古话云：“艰难困苦，玉汝于成。”孩子要成才，只有经历“艰难困苦”，才能“玉汝于成”。过早地让孩子享受富裕，回避穷苦，这是一种溺爱，看似爱之，实则害之；因为“由俭入奢易，由奢入俭难”，孩子一旦养成这个习惯，日后在贫困面前便会不知所措。所以，从为孩子考虑的角度出发，为人父母不妨给孩子来点儿“穷苦”教育。那么，该怎么来“穷”孩子呢？

1. 父母要以身作则

宋朝开国皇帝赵匡胤生活俭朴，反对奢侈。一次他见到女儿穿了一件用翠羽装饰的短袄，就命令她脱去，以后不许再穿。在他的影响下，一时节俭风气举国盛行。封建时代尚且如此，更何况现在呢！因此，父母要给孩子做出榜样，即使再有钱，也不能在孩子面前奢侈浪费。

2. 让孩子用劳动去赚钱

现在的孩子都喜欢贪图享受，因此，父母要有意让孩子用劳动去换取报酬。在美国，一些百万富翁的孩子，经常在校园里捡垃圾，把草坪和道路上的破纸，饮料瓶收集起来，学校便给他们一些报酬。他们一点也不觉得难堪，反而为自己能挣钱感到高兴。有的家庭并不缺钱，但也要让十几岁的孩子出去挣零花钱。他们的目的不在于让孩子去挣钱，而是为了让孩子明白钱来之不易。

3. 培养孩子的节约意识

在日常生活中，孩子奢侈浪费习惯了，根本不懂得节约。因此，父母有必要教孩子节约，学习用品要节约，穿衣吃饭也要节约，离开房间时要熄灯等。同时，还要让孩子学会废物利用。这样既可以培养孩子节约的习惯，又能让孩子不再乱花钱。

4. 教孩子用钱的方法

父母可以随着孩子年龄的逐渐增长，而教会他们各种用钱的方法。可以让孩子去买油盐酱醋、买矿泉水、交学费等，大一点的孩子还可以让他们利用假期打工赚点零用钱，让孩子在劳动中体会到赚钱的不易，从而不去乱花钱。

六 霍布森选择效应：给孩子自己选择的权利

一个不懂选择、缺乏主见的孩子，必将一事无成。所以日常生活中，父母一定要培养孩子的选择意识，尊重孩子选择的权利。

霍布森是英国剑桥的一个商人，1963年，他从事马匹生意。生意开张的时候，他告诉人们说：“我这里各种各样的马都有，能满足你们的各种需要。你们想买我的马，或者租我的马，随你们的便，而且我保证价格会很便宜。”

霍布森的马圈的确很大，各种各样的马匹也都有。然而马圈就只有一个小门，高头大马根本出不来，能出来的全部都是一些瘦马、小马、赖马。来买马或者租马的人左挑右选，就只能选这些瘦马、小马、赖马。否则根本出不去。

后来，管理学家西蒙把这种没有余地的、所谓的“选择”，讽刺为“霍布森选择”，这也就是“霍布森选择效应”。它给我们的启示是：对于个人来说，如果陷入“霍布森选择效应”的困境，就不可能发挥自己的创造性。道理很简单，任何好与坏、优与劣，都是在对比选择中产生的，只有拟定出一定数量和质量的方案对比选择、判断才有可能做到合理。同时它也给教育者另一个启示：如果用这个别无选择的标准来衡量或者约束孩子，必将扼杀孩子多样化的思维，从而也扼杀了孩子的创造力。

爱孩子，请尊重孩子自己的选择

孩子有孩子的个性，尊重孩子的个性，对他们的成长是有利的。因为随着意识形态的发展，以及各种信息的传播，孩子们接触社会，了解社会的机会也不断增多，对很多事情也都有了自己的意见或者想法。包括“选择”在内的各种自我意识也逐渐萌发。在教育孩子的过程中，无论家长为孩子提供多么好的条件，前提一定是要尊重孩子的选择。在尊重孩子的选择这一方面，奥运会冠军朱启南的父母给我们树立了榜样。

朱启南是雅典奥运会男子十米气步枪的冠军。他父母原来都是农民，都没读过书，因此他们最大的愿望就是让孩子读书，走出“农门”。为了孩子们的“择校费”，让孩子们到城里读书，他们到广州做生意。尽管他们做的生意的利润不是很高，很多交易还是按“一分一厘”来算的，但为了孩子的前途，他们甘愿这样做。

1999年的一天，他们夫妻俩突然接到电话，说让他们“回去商量一件事情”，这件事情改变了夫妻俩原先的打算，也改变了朱启南的一生。

回到温州，他们才知道，朱启南背着他们偷偷在体校学了一年多的射击。让儿子学射击，这和他们的愿望是背道而驰的，他们很犹豫。可体校教练觉得朱启南在这方面很有潜质，朱启南也说他很希望从事射击，并表示一定会好好干。父母最后尊重了孩子的选择。因为他们认为，应该让孩子自己选择今后要走的道路。

朱启南的父母不是按自己的人生理想、价值观念和行为方式来塑造孩子，而是考虑了孩子本身的素质、兴趣，尊重孩子的选择，这才有了后来的奥运冠军。

一般而言，孩子对于自己的选择，会产生一种强烈的责任心。并在责任心的驱使下，努力克服困难，走向成功。这样既可培养孩子的责任心，也培养了孩子战胜困难的顽强意志，形成遇事冷静、有主见的良好心理素质，因此也就容易取得成功。

父母错误做法：一味地替孩子作决定

家庭教育中，很多父母认为自己比孩子的社会经验丰富，人生阅历深刻，于是凭借爱的名义，不管大事小事，都为孩子包办代替。例如，父母会根据自己的喜欢来选择让孩子穿什么样的衣服；来决定孩子读什么样的辅导班，上什么样的特长课；甚至连孩子交朋友他们也会替孩子选择；高考报志愿，孩子也很少有自主选择的机会；谈恋爱，搞对象，必须等父母认可再说……

以爱的名义替孩子做选择，这有极大的迷惑性。父母觉得自己做得对，孩子也不知道该怎么反抗。但是孩子终归要离开父母，开拓比父辈更广阔的发展空间。为了培养有主见、有责任心的孩子，请父母们不要按自己的人生理想、价值观念和行为方式来塑造自己的孩子，而是考虑孩子本身的素质、兴趣，给孩子选择的权利！

心理专家建议：让孩子自己选择他要走的路

人生的路有很多条，父母不可能把每一条都走一遍，然后告诉孩子哪一条是阳光大道。孩子的路要让孩子自己走，当孩子站到岔路口，把选择的权利交给孩子，孩子的路需要自己选择。父母要尊重孩子的选择，相信他的选择是正确的，给他正确的引导，以及支持与鼓励，孩子的人生会更加精彩。

1. 孩子的人生让孩子自己做主

父母不能陪伴孩子一生。孩子的人生还要孩子自己做主。尊重孩子的选择是对孩子的将来负责，也是对自己的晚年负责。生命中的重大事件让孩子自己选择，如升学的志愿，孩子的择偶问题，尊重孩子的选择，孩子才能尊重你。

2. 培养孩子的选择意识

选择的意识不是天生的，需要父母在日常生活中教导孩子。在日常生活中经常给孩子选择的机会很重要，例如让孩子自己选择穿什么样的衣服，报什么样的辅导班，玩什么样的游戏等，这样孩子渐渐就会形成自己做主的意识。

3. 不要对孩子管得过细

父母总是觉得孩子的一切事务都是自己责任范围内的事情，这样最容易导致对孩子管得过严过细。例如，不管大事小事父母都要过问，有时候会因为孩子穿什么样的袜子而训斥孩子半天……孩子的路总归需要他自己去走，所以不妨适时地放开手脚少参与。

4. 让孩子在体验中学会选择

刚开始的时候，面对诸多的选择，孩子可能不知道应该做出什么样的选择好。但如果是一些无关紧要的小事，例如去找哪个小朋友玩，吃肯德基还是麦当劳，去书店还是去游乐场等，父母可以不给孩子太多的建议，而是让孩子自己去体验、比较。时间长了，在几种结果中，孩子最终会获得自己的选择。

七 最后通牒效应：避免孩子养成拖沓的习惯

生活中，很多孩子有做事拖拉的习惯，这对孩子的成长极为不利。为此，父母可以通过给孩子规定任务的最后期限避免孩子拖拖拉拉。

一位老师发现一个非常有趣的现象：如果他在星期一的时候给学生布置作业，要求星期五之前交上来，尽管他一再强调最好尽快完成，但星期二到星期四学生交上来的作业还是寥寥无几，星期五是交作业的高峰期，并且在星期五放学之前，学生的作业基本可以收齐。

但是，他如果在布置作业的时候要求学生在星期三之前交上来，那么，即使他不强调最好尽快完成，在星期三放学之前也基本上能够收齐学生的作业。

现实生活中，这种现象是经常可以见到的。一般而言，对于一些不需要马上完成的任务或事情，人们总是习惯于在最后期限即将到来时，才努力去完成。也就是人们大多具有一种拖拉的倾向：在从事某一活动时，总觉得准备不足，能拖就拖，但在不能拖的情况下，例如条件不允许或到了规定时间，人们基本上也能完成任务，这在心理学上叫做“最后通牒效应”。教育孩子的时候，很多父母会发现，有的孩子也有做事拖沓的习惯，为此不妨利用“最后通牒效应”来规定孩子最后完成的期限，帮助孩子戒除这一不良行为。

明日复明日，明日何其多

“日事日毕，日清日高。”这句话警示人们，只有把握今天，明天才能写满辉煌，怎样把握今天？三个字足矣：不拖延。孔子曾站在江边感叹：

“逝者如斯夫，不舍昼夜。”李白也曾吟：“生者为过客，死者为归人，天地一逆旅，同悲万古尘。”曹孟德亦惊叹：“人生几何。”睿智的先哲们警示我们：拖延不可！一拖百废，成功从何谈起？因此，在教育孩子的过程中，父母一定要注意避免让孩子染上拖沓的坏习惯，这样才有利于孩子更快地进步，更好地成长。

陈晨已经上初中二年级了，他是一个聪明活泼的孩子，就是有一个拖延的毛病，可把父母愁坏了。每次放假，他总是把书包随意一丢，把作业随意一放，先去痛痛快快地大玩一场，任爸爸、妈妈怎么催促也无济于事，作业依旧不肯写，直到快开学了才知道着急，于是白天黑夜不停地赶作业。

不光在学习上，别的事情他也经常有各种借口拖着不肯去做。书桌该整理了，他总会找各种理由推托，硬说那是书桌保护层。脏袜子还没有洗，他就以学习繁忙做挡箭牌，诉出一大堆苦，最后还是要妈妈来洗。借同学的光盘早就该还了，妈妈一催促，他就会叫道：“哎呀，我忙着呢，明天再说！”他总是这样，自己该完成的事情不抓紧时间完成，爸爸、妈妈一督促，他就会找各种借口来拖延。

后来，他的父母意识到这一问题的严重性，经过咨询教育专家，决定对他采用“最后通牒”的做法，即不管做什么事情，都会给他规定一个最后期限。例如要求他晚上九点之前必须完成作业，每天上学之前把书桌收拾干净，借同学的东西三天之内必须归还……结果，半年下来，他拖沓的毛病改了很多。

父母错误做法：喜欢操纵和教导孩子

孩子之所以拖沓，一部分原因是孩子的性格使然，再者父母的教育方式也对孩子有着深刻的影响。一般而言，拖沓孩子的父母，其必有以下行为模式：性格急躁、思维反应快、处事较果断、高价值观、高期望值、讲究效率、喜欢操控和教导人。他们养育孩子的方式，主要以说教、给现成的答案、命令，“你要……”，“你应该……”，“你不应该……”等。

在这种行为模式下，孩子体验的是：总有人为我安排、操心、做事，而不必独立思考。再者，长期受父母的操纵，孩子的内心是无助的，情绪是不愉快的，他们常常通过“拖沓”的行为语言来表示对父母的反抗。拖沓的信息里，隐藏有孩子对父母总是“催促”的不满与报复；隐藏有孩子不得不反抗的敌意。

心理专家建议：认清孩子拖沓原因，对症下药

世界首富比尔·盖茨曾向他的员工谈起他的成功之道，他说：“我发现，如果我要完成一件事情，我得立刻动手去做，空谈无济于事！”的确，拖沓者将一事无成，因为拖延是吞噬生命的恶魔。一日有一日的理想和决断，昨日有昨日的事，今日有今日的事，明日有明日的事。放着今天的事情不做，非得留到以后去做，却不知在拖延中所耗去的时间和精力，足以把今日的工作做好。所以，父母一定要认清孩子拖沓的原因，帮助孩子改掉拖沓的坏习惯。

1. 给孩子规定完成任务的时间

对于一个拖沓的孩子来说，不管做什么事情，父母都应该事先规定好时间，因为给孩子规定完成任务的时间会让他有心理压力，迫使他按时完成。例如，要求孩子在半个小时之内必须洗完衣服，在5分钟之内收拾好书包，在一个小时之内完成作业……有了明确的任务和时间之后，孩子就会有压力，做事情的时候就会有紧迫感。

2. 让孩子做事情分清轻重缓急

很多孩子之所以拖沓是因为他们做事情分不清轻重缓急，该做的事情没有做，不该做的事情做了。对此，父母可以按事情的重要性和紧急性，来决定处理的先后顺序。可以让孩子先集中时间做大事情，剩余的时间再处理小事杂事，这样安排好之后，再进行全面的时间管理，就不会出现忙乱的状况了。

3. 让孩子做事之前做好准备

孩子之所以做事磨蹭，事前没有做好准备。例如，孩子第二天早上穿衣拖拖拉拉，多是因为他在找穿的衣服；如果事前父母告诉孩子把第二天要穿的衣服拿到床头，那么这种现象就不会出现了。所以，不管做什么事情，父母都应该提醒孩子做好充分的准备工作，否则必定耽误做事的时间。

八 蝴蝶效应：教导孩子勿以恶小而为之

孩子之所以会犯大错，常常是由小事开始的。因此，在家庭教育中，父母一定要教导孩子“勿以恶小而为之”。

1960年，美国麻省理工学院教授洛伦兹在研究“长期天气预报”时，出现了疑难问题：她在计算机上用一组简化数据模拟天气的演变，原本是想利用计算机的高速运算来提高天气预报的准确性。但是，事与愿违，多次计算表明，初始条件的极微小差异，会导致计算结果的很大不同，忽略微弱的差异，会导致错误的结论。洛伦兹发现了微小差异导致的巨大变化。她用一种形象的比喻来表达这个发现：一只小小的蝴蝶在巴西上空振动翅膀。它扇动起来的小小旋涡与其他气流汇合，可能在一个月后的美国得克萨斯州会引起一场风暴——这就是著名的“蝴蝶效应”。

的确，一个细小而微妙的变化，常常会引来一连串的大问题。这就是“蝴蝶效应”给我们的启示。蝴蝶效应其实我国自古就有，像“千里之堤，溃于蚁穴”、“差之毫厘，缪之千里”等都说明要重视微小机制的巨大力量。在孩子的成长中也有很多蝴蝶式的言行、倾向，这时父母就要善于朝着积极的正确的方向引导，防微杜渐、对症下药，以防止不良倾向扩大。

教育孩子一定要防微杜渐

俗话说得好“一滴水，可以折射整个太阳”。事实上，许多看来十分巨大的事情都是由微不足道的“小事”组成的。日常工作更是如此，看似繁琐、不足挂齿的小事情比比皆是，一旦你对这些小事情轻视怠慢、敷衍了事，很可能最后的结果是“一着不慎，满盘皆输”。而对于一个犯大错误的人来说，他之所以会犯大错，多是因为之前的小错误没有得到及时纠正。所以，在教育孩子的过程中，父母不应该纵容孩子的每一个小错误，一定要防微杜渐。

孙师傅老年得子，因此夫妇俩对孩子宠爱有加。虽然他们家里不是很富有，但孙师傅平时总是给孩子不少的零用钱，让孩子用来购买零食和玩具；此外，如果儿子考试成绩不错，他们就会给孩子额外的奖励。

但是让人意想不到的事情发生了，有一次，孙师傅发现自己的钱夹里的钱少了几元，他以为是自己记错了，因此就没有在意。可是，没过多长时间，孙师傅妻子的金项链找不到了，想起前些日子儿子的行为，孙师傅断定一定是儿子做的。

儿子放学回到家里，在孙师傅的追问下，终于说出了事情的原委。原来，学校的附近有个摸奖的小摊，儿子每次放学都会去那里摸几把，开始的时候还能摸个三四等奖，可后来越摸数额越大，但中奖的概率却越来越少了。这个时候，他的零用钱就不够花了，于是他就开始偷家里的钱，家里的钱偷不到，就抢低年级同学的钱，最后竟然发展到拿母亲的金项链。孙师傅不敢想象，假如还不纠正儿子的错误行为，以后儿子说不定连银行都敢抢了呢！

父母错误做法：对孩子的小错误视而不见

上述故事中，假如孙师傅在儿子第一次“拿”家里的钱的时候就发觉了，如果当时能够问清事情的原委，加以正确引导，恐怕事情的发展就不会是这样的后果了。当事情变严重后再处理，往往会给孩子的一生都带来影响。但是现实生活中，很多父母对孩子的小错误都视而不见，例如看见孩子偷家里的零花钱，欺负比他小的孩子，对老人不尊重，故意砸碎邻居家的玻璃等。父母会认为这没有什么，只不过是孩子淘气的一种表现。但事实是，“大时偷金”的行为绝大多数是“小时偷针”的行为的延伸。

心理专家建议：及时纠正儿子的不良端倪

刘备曾教育儿子：“勿以善小而不为，勿以恶小而为之。”教育孩子，就要着眼于小处，发现不良端倪，及时纠正，扼杀其于萌芽状态，切忌纵容。那种认为孩子还小，长大了自然就懂了，自然就好了的想法是非常错误的，也是非常危险的。正如种豇豆，从小就要给它立杆子，引导它顺着杆子向上长，这样才能吸收足够的阳光和空气，才能结出丰硕的豇豆。如果等豆苗长大了，见其漫天蔓长，不能开花结果，那时才立杆引导，恐怕即使折断一些枝条，也不易再结出好豆子了。教育子女又何尝不是如此呢？

1. 父母要克制自己的行为

如果孩子有某种不良端倪，父母不要感到愤怒、失望、吃惊，更不能把这种行为看成是你教育的失败或者是对你个人的冒犯。你可以不大声喊叫，但是你应该非常坚定地表明你的反对态度。要了解孩子的心理，不应该盲目地要求孩子忏悔、交代问题；因为孩子这个时候对父母的爱和信任的需要是比其他任何时候都要强烈的。

2. 不要夸大孩子的错误行为

当孩子犯了小错时，有些不是原则性的，父母要进行谅解，因为有时候把错误“上纲上线”，更容易把孩子推向实质性犯错的道路。所以，对待孩子犯错，父母一定要就事论事，不要夸大事实，随意加重事态的严重性。有些父母教育孩子时喜欢“拔起萝卜带着泥”，一件小错误，就能牵出孩子一大堆毛病，数落来数落去，把孩子说得一无是处，使孩子产生自卑心理，对自己完全丧失了信心，干脆“破罐子破摔”。

3. 寻找正确的教育方式

有的父母，对孩子的小错总是不能正确对待，如果碰上心情好的话，甚至还要表扬两句。等到孩子把小错变成大过时，他们又变得异常愤怒，严厉地责罚孩子！这些错误的观点和行为，当然只能收到适得其反的教育效果。所以，当孩子犯了错误时，父母对孩子进行教育要赏罚分明，孩子做得好要给予奖励，但孩子做错事时也一定不能姑息，哪怕只是小错误也要进行适度的处罚，这样孩子才能正视自己的错误，及时改正。

第五章
情商教育，影响孩子的一生

美国哈佛大学心理学教授丹尼尔·戈尔曼认为，人的智商几乎都在一个水平线上，真正决定一个人能否取得成功的重要因素是情商。因此，父母一定要注重培养孩子的情商，例如培养孩子的自信心、竞争力、自制力等。

一 马太效应：让孩子对未来充满信心

越是对未来有信心的孩子，就越可能取得良好的成绩。因此，父母应该培养、保护孩子的自信心，让孩子进入良性循环。

一位富人将要远行去国外，临走之前，他将仆人们叫到一起并把财产委托给他们保管。主人根据每个人的才干，给了第一个仆人五个塔伦特（注：古罗马货币单位），给第二个仆人两个塔伦特，给第三个仆人1个塔伦特。

拿到五个塔伦特的仆人把它用于经商，并且赚到了五个塔伦特；同样，拿到两个塔伦特的仆人也赚到了两个塔伦特；但拿到一个塔伦特的仆人却把主人的钱埋到了土里。过了很长一段时间，主人回来了。拿到五个塔伦特的仆人带着另外五个塔伦特来见主人，他对自己的主人说："主人，你交给我五个塔伦特，请看，我又赚了五个。"

"做得好！你是一个对很多事情充满自信的人。我会让你掌管更多的事情。现在就去享受你的土地吧。"同样，拿到两个塔伦特的仆人带着他另外两个塔伦特来了，他也得到了主人赠予的土地。

最后，拿到一个塔伦特的仆人来了，他说："主人，我知道你想成为一个强人，收获没有播种的土地。我很害怕，于是就把钱埋在了地下。"听了他的话，主人很生气，于是把他仅有的钱也夺了去。

"凡是有的，还要给他，使他富足；但凡没有的，连他所有的，也要夺去。"

上述故事出自《新月·马太福音》，体现的是"富者越富，贫者越贫"现象，在心理学上被称为"马太效应"。"马太效应"说明了这样一个道理，即一个人一旦在某一方面（如金钱、名誉、地位等）取得了成功，就会产生优势积累，进而有更多的机会取得进步。同理，一个孩子越有自信，就会得到越多的优势，也就越有可能取得成功。因此，为人父母者如果把“马太效应”运用到教育孩子上，肯定会取得良好的教育效果。

孩子缺什么也不能缺自信

一个有自信的孩子思想较乐观、做事主动积极、勇于尝试、乐于接受挑战、不断努力，从而获得成功。他们会常告诉自己：“我能”，“我是最棒的”。而一个缺乏自信的孩子，任何事情上都表现得较柔弱、害怕、有恐惧的心理，不敢面对或尝试新的事物，不敢主动与人交往，从而失去许多学习的机会。长期缺乏自信心会让孩子产生“无能”的感觉，甚至可能自暴自弃、任性、自尊心强、依赖、孤独、胆小、不合群、独占欲强等。因此，对一个正处于成长期的孩子来说，缺什么也不能缺自信。

20世纪30年代，一位叫玛格丽特的英国小姑娘在父亲的严厉教导下成长。父亲常常给她灌输一种思想：不管做什么事都要力争一流，永远走在别人的前面，而不能被人落下，即使是乘公共汽车，也要永远坐在第一排。父亲从不允许女儿说“太难了”、“我不能”之类的话。

由于父亲这种近乎过分的教育理念，使玛格丽特拥有一颗积极向上的决心和信心。在后来的学习、生活和工作中，她时时记住父亲的教导，总是抱着自信的态度，做好每一件事，用自己的行动实践着“永远坐第一排”的誓言。

上大学时，学校要求学5年的拉丁文课程，她凭着自己勇往直前的信念，仅仅一年就修完了5年的课程。让人难以置信的是，她的考试成绩竟然名列榜首。玛格丽特不光学习优秀，在音乐、体育、演讲等方面也都出类拔萃。她当年所在学校的校长对她的评价是：“玛格丽特无疑是我们学校有史以来最优秀的学生，她总是雄心勃勃，每件事情都会做得很出色。”

多年以后，玛格丽特成为英国乃至整个欧洲政坛上一颗璀璨的明星。她连续4年当选保守党领袖，并于1979年成为英国第一位女首相。她就是雄踞政坛达11年之久，被世界政坛誉为“铁娘子”的玛格丽特·撒切尔。

父母错误做法：用尖酸的语言打消孩子的信心

每个孩子从幼儿开始，自信心的培养和建立将直接影响日后心智的发展。许多年青一代受过高等教育的父母，都认识到培养孩子的自信心是很重要的。遗憾的是，有些父母不但在这方面做得不足，他们有时候甚至会用尖酸的语言打击孩子的自信。

例如，看到孩子的成绩单（即使孩子的成绩已经很不错了），总是说："考这么点还好意思让我签名，看人家……"孩子第一次做饭做煳了，有的父母甚至会说："就知道你不行，怎样，被我说中了吧！"孩子想学钢琴，有的父母会说："看人家学钢琴，你也学，可人家能得奖，你呢？"总之，很多父母常常对孩子讲类似这种尖酸刻薄的话，殊不知，这些话就像刀子一样，刀刀刻在孩子幼小的心灵上，让孩子产生"我不行"、"我真没用"等念头。自然，自信心也在这一瞬间被打消了。

心理专家建议：让自信伴随孩子成长

美国哲学家爱默生曾经说过："自信是导向成功的第一要诀。"的确，人一旦没有了自信心，就等于自己给自己判了死刑。对于一个孩子来说，自信尤为重要，而一个孩子能不能取得成就，成为天才，最关键的一点就是父母对他有没有信心，他对自己有没有自信。因此说，作为父母一定要注意从小就培养孩子的自信心。那么，该如何帮助孩子建立自信呢？心理专家李子勋给为人父母者以下几条建议：

1．保护孩子的自尊

孩子的自信来自自尊，一个没有自尊的孩子不可能有自信。日常生活中，父母应该让孩子参与家庭事务，与孩子讨论一些家事，让孩子感觉自己的能力、平等的地位以及父母对自己的信任。切忌随意惩罚或殴打孩子，说那些伤害人格、自尊的话。

2．告诉孩子"你能行"

有些孩子生活里常自我预言"我很没信心"、"我是没用的"等，这种消极的心理会让他没勇气尝试新的事物。父母应该从旁引导、积极的表扬、肯定和鼓励，让孩子淡化“我无能”的心理，建立“我也行”的心理。

3. 培养孩子的特殊才能

父母可以根据孩子的兴趣和爱好来培养他的一些特长，通过特长建立孩子的自信心。如除了学业，鼓励孩子多参与课外活动、社区义工活动等。这不但可以让孩子培养自己的兴趣，而且让孩子有机会接触那些需要别人关爱与帮助的人，这些都可以增进孩子的自尊心与自信心。

4. 随时巩固孩子的信心

孩子只有在不断鼓励中，加上自己不断的努力，才可以建立起自信心。当孩子遇到挫折时，父母应该耐心地给予孩子时间与空间，先了解他们的原因，再从旁引导及鼓励。当孩子可以重新站立起来时，父母更需随时，并恰当地鼓励他们。

二 梦想法则：孩子的成长需要梦想

一个人拥有了梦想，才会对生活充满希望，并不断创造生命的奇迹。所以，为人父母者一定要保护、培养孩子的梦想，这样才能让孩子梦想成真。

莱特兄弟很小的时候，有一次看到一群大雁鸣叫着从他们的头顶飞过。兄弟两个很好奇，为什么大雁能够飞的那么高，那么快，而人不能呢？

父亲明白了他们的疑惑之后，沉默了一会儿，然后对儿子说："如果你们想飞，你们也会飞起来的。"两个儿子努力地试了试，并没有飞起来。

父亲说："你们看看我是怎么飞的吧！"于是他飞了两下，也没有飞起来。停了一会儿，他肯定地对两个儿子说："可能是因为我的年纪大了才飞不起来，你们还小，只要不断努力，就一定能飞起来，去你们想去的地方。"儿子们牢记着父亲的教导，并一直不断努力。长大以后，莱特兄弟发明了飞机，真的飞起来了。

人类最可贵的就是拥有梦想，因为拥有梦想，才会对未来充满激情，才会不断创造生命中的奇迹。这就是"梦想法则"。莱特兄弟正是因为拥有想飞起来的梦想，长大成人后才发明了飞机。然而在这个过程当中，他们的父亲也起着十分重要的作用，因为最初当孩子的想法冒出来的时候，他并没有嘲笑孩子的想象力，而是予以保护和支持，使得莱特兄弟对梦想更加坚定和努力，并最终梦想成真。

保护和引导好孩子的想象力

孩子的梦想多源于想象，贝鲁泰斯曾经说过："想象是人生的肉，若没有想象，人生只不过是一堆骸骨。"如果父母在孩子年幼的时候，不注重培养和发展他的想象力，那么他非但不能成为诗人、小说家、画家，而且也难以成为出色的法官、建筑师、科学家。因为缺少想象力的孩子肯定没有梦想，没有梦想就不会有努力的目的和方向。反之，父母如果能够保护和引导好孩子的想象力，则孩子很可能会做出一番成就来。

妈妈正在厨房准备午餐，她听到自己的儿子在后院蹦蹦跳跳，弄出了很大的动静，便大声问他："宝贝，你在干什么？"

孩子兴奋地回答："妈妈，我正准备跳到月亮上去呢。"

这个时候，你猜孩子的妈妈怎么说？

她并没有给儿子泼冷水，没有批评说"小孩子不要胡说话"、"赶快进来洗干净手准备吃饭"之类的话打击孩子的异想天开，而是很兴奋、很幽默地对孩子说："这真是个不错的想法，但是，宝贝，可别忘记回来吃午饭喔！"

后来，这个孩子真的成了第一位登陆月球的人，他就是阿姆斯特丹。

父母错误做法：将孩子的梦想扼杀在摇篮里

阿姆斯特丹是幸运的，因为他的美丽梦想幸运地被他的妈妈保护了，所以才有了后来的故事。但是现实生活中，有许多孩子的梦想总是轻易地被父母扼杀在摇篮里，从此再没有飞翔的欲望，成为平庸的人。

例如，有的父母听到孩子的梦想是拿到诺贝尔奖时，会哈哈大笑地说："年少轻狂啊，你知道得这个奖有多难吗？到现在为止，还没有一个中国人获得，你觉得自己……"还有的父母，听说孩子的梦想是当一名出色的蛋糕师时，就嘲笑孩子没有出息，不会有前途。现实生活中，这样的例子举不胜举。但正因为父母的这种有意或者无意的嘲笑，便将孩子的梦想扼杀在摇篮里，使孩子失去了为梦想努力的激情和勇气。

心理专家建议：不要嘲笑孩子的梦想

教育专家孙云晓老师在一次访谈节目中说道：“不管孩子想做什么，都是很了不起的想法，父母应当支持才对。成年人千万不可嘲笑孩子的梦想，无论孩子的想法有多幼稚，都应当珍惜和尊重。”的确，一个真爱孩子的父母应当精心培养、保护孩子的梦想，让梦想的种子长成参天大树，而不应该去嘲笑和指责。那么，作为父母，应该如何培养、保护孩子的梦想呢？

1. 鼓励孩子幻想

日常生活中，父母要经常鼓励孩子进行幻想，哪怕有时候孩子的幻想具有常识性的错误，例如孩子想让鱼在天空飞翔，让鸟在海底生活等，父母没有必要去纠正孩子，因为，孩子之所以会想出一些成人想不出的主意来，正是因为缺少常识的限制。

2. 对孩子的想象给予赞扬

有梦想的前提是，要有想象的积极性，所以，当孩子有想象的表现时，父母要及时对孩子表示赞扬，让孩子感到愉快。这样，孩子就会更加喜欢想象。此外，孩子是天真的，他们的想象也是天真的，不能用大人的“合理性”来衡量孩子的想象，孩子的想象不管何等离奇，都是正常的、可贵的。

3. 正确引导孩子的梦想

你的孩子可能梦想变成超人或者奥特曼拯救整个世界，作为父母不必好气又好笑。这个时候，就应该在理解和接受的基础上，逐渐转移其兴趣与梦想。比如：对于梦想成为奥特曼或超人的孩子，我们可以将“超能力”具体化，即乐于助人的品质、强健的体魄和聪明的头脑，只有加强这些方面的学习和锻炼，才能拥有生活中的“超能力”。

三 自然惩罚法则：让孩子自己承担过错

孩子犯错误的时候，父母有时可以不必对孩子进行过多指责，如果能让孩子自己承担后果，则能使孩子正确认识错误，并及时改正。

一个小女孩儿很任性，深秋时节母亲带她去串亲戚，她非要穿裙子。母亲怎么劝都不行，父亲毫不留情地对她说："穿裙子可以，但是今天你不能喊冷，而且我们也不会给你带衣服。"结果宴会上小女孩儿冻得瑟瑟发抖，嘴唇都冻成了紫色。从此以后，她再不"为了风度不要温度了"。

一个小男孩儿总是不爱惜家里的东西，隔三差五地就把椅子弄坏了。一次，他把新买的椅子给弄坏了，他的父母毫不犹豫地决定，让他在接下来的一周里站着吃饭，让孩子感受一下自己的错误行为带来的劳累之苦。经过这次之后，孩子的行为果然收敛很多。

18世纪法国教育家卢梭认为："儿童所受到的惩罚，只应是他的过失所招来的自然后果。"这就是卢梭的"自然惩罚法则"，含义是：当孩子在行为上犯了错误时，父母不应对孩子进行过多的指责，而应该让孩子自己承担错误直接造成的后果，给孩子以心理惩罚，使孩子在承受后果的同时感受心情的不愉快甚至是痛苦，从而让孩子自我反省，自觉弥补过失、纠正错误。像上述案例中的两个孩子犯了错误之后，父母没有对他指责教育，而是让他们在"自作自受"中体验到痛苦的责罚，强化心灵的痛苦体验，孩子从中可以吸取教训，改正错误。

用爱的责任惩罚孩子

俗话说“吃一堑，长一智”，世界上几乎每个孩子都吃过“堑”，然而吃“堑”之后，有的孩子变得愈发聪明了，有的孩子却在重复着同样的错误。造成这种现象的原因是什么呢？是因为后者没有让当事人为自己的错误承担责任。正如在家庭教育中，有些父母对孩子总是事前提醒，事后责骂，千方百计地去补救，结果是大人操碎了心，磨破了嘴皮，孩子却没有一点感觉，甚至还会觉得父母的交代是多此一举。下次呢，该犯的错误还继续接着犯。

卢勤在《告诉孩子，你真棒》一书中曾经提到过一个故事：

王晶（福建师范大学外国语学院院长助理，卢勤的好朋友）的做法与其他父母大不相同，当女儿黄思路做错事的时候，就让她“自作自受”，自己承担错误的后果。先去“吃一堑”，然后“长一智”。

有一次，黄思路所在的学校排练节目，8岁的她走得匆忙，忘了带伴奏磁带。王晶发现了，却没做声。她想，女儿常忘东西，提醒她一次，她的依赖心理就增加一分，那么以后就还得提醒一百次、一千次，不如让她受点挫折，让事实来教育女儿。果然黄思路快到校门口才想起来，打电话给妈妈，请妈妈赶快把磁带送来。

当时，王晶正好放暑假在家，完全有时间给女儿送去。但她没这样做，只对女儿说：“你自己犯的错误，不应该惩罚妈妈。你自己想办法解决吧！”

黄思路没有办法，只好向老师说明情况，把节目顺序调一下，然后骑车顶着烈日回家去取伴奏带。王晶说：“我让她多跑了这一次，后来她却少跑了无数次，因为她记住了这个教训。”

后来，有人问黄思路：“回过头来看，你觉得妈妈的做法对吗？”

黄思路笑着回答：“我觉得对。‘自作自受’使我知道无论我做什么事情，后果是要自己承担的。所以我做事就很负责。”

父母错误做法：替孩子承担做错事情的后果

一个孩子之所以能够不断取得进步，是因为他能够不断地进行自我反省，找到自己的缺点或者做得不好的地方，然后不断改正。然而，现实生活中，有很多父母总是替孩子去承担做错事情的后果。例如，孩子任性地摔碎了家里的碗，有的父母不但不责备孩子，还赶快拿扫帚、簸箕帮助孩子收拾残局；孩子喜欢乱扔东西，有的父母不但不指出孩子的错误，还总是在第二天早上把孩子需要的东西放在他的床头……

其实，父母的这种行为对孩子的成长是非常不利的。因为这不仅会让孩子失去责任心，更使他不懂得反省自己的错误，从而一而再、再而三地犯同样的错误。因此，明智的父母不要替孩子承担后果，而是让孩子自己为自己犯下的错误负责。在这一过程中，孩子会清醒地认识到自己的错误，并加以改正。

心理专家建议：爱孩子，就应该让孩子自己承担过错

茨格拉夫人说："必须教育孩子懂得他们不同的一举一动能产生不同的后果，那么随着时间的推移，孩子们一定会学得很有责任感的。"的确，只有让孩子懂得自己的做法将会产生什么后果，他才会对自己的行为负责。当孩子遇到麻烦的时候，告诉他："是你自己选择的，需要你自己来解决。"而不要说："对不起，都怪妈妈没有帮你。"如果总是帮孩子推卸责任，孩子就会以为自己不需要承担责任，这对他的成长是极为不利的。所以，爱孩子，就让孩子自己承担过错吧！

1. 不直接对孩子的错误横加指责

当孩子做错事时，家长不要一味给予斥责，这样易引起孩子的反感，产生抵触情绪，使孩子内在智力的发展受到限制。这时，家长可采用冷静的态度，从侧面引导孩子进行自我反省，明辨自己的过失。

2. 培养孩子的责任心

孩子之所以在犯错之后不愿意承担责任，主要是因为他缺乏责任心。因

此，父母应该从小就培养孩子的责任感，要让孩子从小做自己该做的事，再者，责任感的培养，光讲大道理是不够的，更重要的是让孩子在明理的基础上引导他们做些实事，在实际生活中培养他们的责任感。

3. 引导孩子预见事物的后果

许多孩子在做事情的时候很少会考虑后果，由于他们的经历比较单纯，所预见的后果往往与成人不一样。这个时候，父母可适当指导孩子，如果孩子坚持己见，那么父母不妨放手让孩子尝试一下，当结果出乎孩子的意料时，孩子就会反省自己的行为了。

四 甘地夫人法则：让孩子勇敢面对挫折

> 孩子成长的过程中，会遭遇各种挫折。作为父母，应该让孩子勇敢地去面对，因为当你拒绝让孩子接受挫折的时候，也就拒绝了让孩子成功。

印度前总理甘地夫人，是一位非常杰出的女性。作为领袖，她对印度有着突出的贡献；作为妈妈，她是孩子心中最好的老师。

甘地夫人的儿子拉吉夫12岁时，因病要做一次手术。面对紧张、恐惧的拉吉夫，医生打算说一些“手术并不痛苦，也不用害怕”等善意的谎言来安慰孩子。可是，甘地夫人却认为，孩子已经懂事了，那样反而不好，所以她阻止了医生。

随后，甘地夫人来到儿子床边，平静地告诉拉吉夫：“可爱的小拉吉夫，手术后你有几天会相当痛苦，这种痛苦是谁也不能代替的，哭泣或喊叫都不能减轻痛苦，可能还会引起头痛，所以，你必须勇敢地承受它。”

手术后，拉吉夫没有哭，也没有叫苦，他勇敢地忍受了这一切。

上述现象被教育心理学家称为“甘地夫人法则”。教育孩子的过程中，若能教会孩子勇敢地面对挫折，父母不但会减少很多不必要的麻烦，也会使孩子在未来的人生道路上走得更加平稳。但这种教导要从孩子还是幼儿的时候就开始，从小培养他们直面挫折的意识和勇敢承受挫折的能力。还孩子以生活的本来面目，让他明白，只有敢于直面挫折，才能够距离成功更近。

遭遇挫折，孩子才会变得坚强

如今绝大多数的孩子都生活在比较幸福的环境中，几乎没有挫折可言。但随着生活阅历的加深，接触的人和事增多，他们脆弱的心灵承受不了挫折的打击，变得自卑、孤僻，丧失了奋发向上的精神。因此，父母仅仅在思想上对其教育是不够的，应给机会让其亲身体验生活，体验挫折，培养他们面对挫折的正常心态，让他们由脆弱变得坚强。

赫赫有名的“经营之神”松下幸之助，小时候是在温室中成长的孩子。他出生时，他的父母已经四十多岁了，因而对他宠爱有加。这使他养成了一意孤行的性格，做事也常常不能专心致志。

松下七岁那年上了小学。顽皮的他走路喜欢东张西望，不是弄湿了鞋子，就是弄脏了裤子，哭哭啼啼成了家常便饭。

一天，他的父亲带一把铲子去儿子上学必经的田埂上，在上面断断续续地挖了十几道缺口，然后用棍棒搭成一座座小桥，只有小心走上去才能通过。那天放学，松下走在田埂上，看到面前一下子多出了这么多的小桥，很是诧异。但是父母都不在身边，即使难走他也得过去啊！当背着书包的他摇摇晃晃地通过小桥时，惊出了一身冷汗。他第一次没有哭哭啼啼的回家。

吃饭的时候，儿子跟爸爸讲了今天走过一座座小桥的经历，脸上面带神气。父亲坐在一旁夸他勇敢。妻子对丈夫的举措有些不解，丈夫解释道：“平坦的道路上，他左顾右盼，他当然走不好路；坎坷的路途，他的双眼必须紧盯着路，所以才能走得平稳。”

在孩子成长的路上，一定要设置一些他能独自跨越的障碍，如果你一味地给他提供顺境，等长大后，一旦遭遇挫折，必然会经受不住打击，而产生种种意想不到的后果。挖断孩子顺利前进的路，培养他们直面困难、战胜困难的勇气和信心，他们今后的人生就会少些失败多些成功。

父母的错误做法：怕孩子吃苦，对孩子娇生惯养

有许多父母总是怕孩子吃苦，从小对他们娇生惯养，当孩子在生活中遇到困难的时候，很多父母总是想方设法帮助孩子解决困难；还有的父母总是尽可能地排除孩子成长道路上的障碍。例如，孩子走路的时候不小心被一块小石头绊倒了，很多父母总是把小石头捡起来扔得远远的，做的过程中还不忘说：“让你绊倒我们家宝贝，看我不揍你”。这个时候，大多数父母不是教孩子如何去清除路上的障碍，而是自己帮孩子去清除。结果，孩子从

小不但吃不得苦，而且心理承受能力极差，稍稍遇到一点挫折，他们就会不知所措。

心理专家建议：不妨给孩子制造点小挫折

近年来大量的社会调查表明：现代孩子的身心日趋脆弱，常表现出怯懦、任性、自私、孤僻、懒惰等心理状态。究其原因是因为这些孩子从小就娇生惯养、养尊处优，家庭给予他们的太多，他们遭遇的挫折太少。所以，父母要想让孩子健康茁壮地成长，就不妨像松下幸之助的父亲一样，偶尔给孩子制造一点儿小挫折；同时教会孩子如何去面对挫折，培养孩子直面挫折的意志和勇敢承受挫折的能力。

1. 正确的教育态度

当孩子不小心跌倒、碰伤或受挫的时候，不要立刻伸出援助之手，应该让孩子尝试着自己站起来，而父母需要做的就是鼓励孩子、指导孩子，适时地对孩子进行必要的鼓励，并在关键时刻指导孩子找出解决问题的途径。

2. 正确认识“失败挫折”

失败并不可怕，可怕的是失败之后一蹶不振，永远不再尝试。因此，父母可以给孩子讲述一些伟人直面失败的故事，告诉孩子失败不可避免，失败背后的意义是吸取经验和教训，争取下一次的成功，而一点小挫折都承受不了的人，注定他的人生不会成功。

3. 让孩子体验挫折

父母可以为孩子创造挫折的机会，让孩子体验挫折，提高孩子的受挫免疫力。比如，父母可以让孩子对一件事负责任，从而培养孩子为人处世的能力，也让孩子明白，很多时候过程重于结果。

4. 让孩子适当受一点批评

有的父母总怕孩子受委屈，即使孩子做错事，都不批评孩子，长此以往，孩子不能受一点批评，一旦受到父母、老师、同学的批评就哭闹、不吃饭或不上学。因此，父母要让孩子知道自己的错误，让孩子懂得犯了错误没什么，只要肯改正就是好孩子。必要的批评能使孩子在悔悟中锻炼承受力，同时养成好习惯。

五 狐狸法则：

培养孩子的独立意识

如果你不知道如何生存，那么你将被大自然无情地淘汰，这就是自然界的生存法则。所以，作为父母，一定要注意培养孩子的独立意识。

狐狸富来普和莱拉真诚地相爱了。他们很快就建立了一个愉快、幸福的家庭，而且莱拉生了五个孩子。为了让孩子们能尽快地成长，他们日夜奔忙着寻找食物。

后来不幸的事接连发生，最小的琪尼塔双目失明，莱拉因病离开了富来普和孩子们。于是，富来普爸爸独自担负起了抚养孩子的重任。

养育孩子的时候，他没有像母鸡孵小鸡那样把孩子们保护在身下，而是让他们出去独立生活。他严厉地教育他们，教给他们捕捉食物的方法，逃避危险的智慧，带着他们去做实习旅行。

在一个风雪交加的夜晚，富来普把刚学会走路和觅食的小狐狸全部赶到洞外。小狐狸站在风雪中凄厉地哀叫着，一次又一次试图回到洞里，可是每一次都被堵在洞口的老狐狸咬出去了。

小狐狸眼中充满着忧伤和委屈，然而换来的却是义无反顾的坚决和果断。即使是瞎眼睛的琪尼塔，也没有受到特殊照顾。因为富来普知道，没有谁能养他一辈子。小狐狸们从这一天起便长大了，那只瞎眼的小狐狸也终于学会靠嗅觉来觅食。最后，孩子们都变得非常健康强壮。

这就是狐狸世界的法则：成年后不能靠父母养活，而要想做到这一点，就得从小培养独立的生活意识。其实这也是动物的生存法则，就像达尔文所说："物竞天择，适者生存。"如果你不知道如何生存，那么你就将被大自然无情的淘汰。如果你在父母身边永远有所依靠，那么有朝一日你独自去面对这个世界的时候，你就将无所适从。因此，为人父母者如果不想让你的孩子被自然界所淘汰，就从小培养他独立生活的意识吧！

自己打下的江山坐的牢

很多父母都对孩子疼爱有加，小心呵护，一切都帮孩子做好，什么都不要孩子做，只要学习好、听话就行。这些父母认为这是对孩子最大的疼爱，殊不知这样做抹杀了孩子自我成长的机会。其实，从孩子学会走路那一刻起，就是尝试独自面对挑战的开始。要想使孩子有属于他们自己的一片江山，那就需要给孩子独立成长的机会，当他们具有一定能力时，就要把他们推向社会，经历风雨、见识世面，让他们自己去打江山。

李嘉诚有两个儿子。虽然他很富有，也很有能力，但是他要求儿子生活上勤俭节约，不求奢华；事业上注重名誉，信守诺言。他特别教导儿子要考虑对方的利益，不要占任何人的便宜，要努力工作。

两个儿子都以优异的成绩在美国斯坦福大学毕业了，想在父亲的公司里大展宏图，干一番事业，但李嘉诚果断地拒绝了："我的公司不需要你们！"兄弟俩都愣住了，说："您那么多公司不能安排我们工作？"李嘉诚说："别说我只有两个儿子，就是有20个儿子也能安排工作。但是，我想还是你们自己去打江山，让实践证明你们是否有资格到我公司来任职。"

兄弟两个去了加拿大，李泽钜开设了地产开发公司，李泽楷成了多伦多投资银行最年轻的合伙人。他们克服了难以想象的困难，把公司和银行办得有声有色。在香港的李嘉诚也常常通过电话对兄弟俩嘘寒问暖，想要提供帮助。但兄弟俩却总是坚持任何困难都可以通过自己的力量来解决。

当然，李嘉诚也不过是试探一下，并不是真的要帮助他们。父亲的这点心思，兄弟俩最熟悉了。即使真的求父亲帮助解决困难，也是不可能的。这似乎有些冷漠得不近人情，但是兄弟俩一点儿也不抱怨，他们懂得父亲的良苦用心。李嘉诚的"冷酷无情"，把孩子逼上独自打江山之路，造就了他们勇敢坚毅、不屈不挠的人格和品性。

父母错误做法：对孩子提供一条龙服务

日本思想家福泽渝吉说："教育就是授人独立自尊之道，并开拓躬行实践之法。"陶行知说："让孩子出自己的力，流自己的汗，吃自己的饭才是英雄汉。"然而，现在有很多父母"心太软"，对孩子的一切都要大包大揽，进行"全方位"、"一条龙"、"系列化"服务，衣来伸手，饭来张口，白天接送，晚上陪读，直至填写志愿，"设计"前程，孩子们成了"抱大的一代"，如同温室中的花朵，患了"软骨症"，见不了世面，经不了风雨，应对不了挑战，实在令人担忧。

心理专家建议：爱孩子，就应该让孩子自己去打江山

古话云："授人以鱼，不如授人以渔"，若你要帮助别人，最好的方法不是施舍，而是教给他生存的本领。对教育孩子而言，父母不可过分的娇惯孩子，而是要教会他们独立生活的能力，只有这样，他们才可以在离开父母之后，依然拥有自己的幸福。那么，如何培养孩子的独立意识呢？教育专家卢勤给父母们提供了以下几条建议：

1．让孩子学会生活自理

只要孩子能够自己做到的就要让他自己做，如自己洗脸刷牙，自己整理衣物，自己收拾玩具等，父母要给予一定的指导，而且要有耐心，可能孩子做得不尽如人意，这时，家长也不能急躁或动怜悯之心，必须让孩子在做事情的过程中，锻炼能力，增强信心。

2．教会孩子"捕鱼"的本领

父母都希望自己的孩子一生丰衣足食，功成名就。自己努力希望能给孩子留下更多的财产，让孩子的一生都有保障。"天有不测风云，人有旦夕祸福"，谁也不能保证自己留给子孙很多财产，就会让子孙衣食无忧。交给子孙江山，不如教给子孙打江山的本事，只有自己打下来的山江才坐的更牢，时间才会更长，授之鱼不如授之渔，只有拥有了点石成金的本事，才能有用不完的黄金。

3. 放开呵护孩子的双手

打江山是需要勇气和胆量的。这勇气和胆量就要从小培养，这就需要父母放开呵护孩子的双手。孩子要走路，有搀扶的双手在身边孩子是永远也学不会走路的。为了让孩子学会走路，父母就要放开呵护孩子的双手，使孩子做回自己。久而久之，孩子就具备了战胜困难的勇气和胆量，也就能打下真正属于自己的一片江山。

六 鲶鱼效应：

培养孩子的竞争意识

竞争的力量会让一个人发挥出巨大的潜能，创造出惊人的成绩。如果不鼓励孩子参与竞争，就很难开发他们的潜能，更难发觉人生的深层含义。

挪威人喜欢吃沙丁鱼，尤其是活鱼。市场上活沙丁鱼的价格要比死鱼高出许多，所以渔民总是千方百计地想法让沙丁鱼活着回到渔港。可是虽然经过种种努力，绝大部分沙丁鱼还是在中途因窒息而死亡。但却有一条渔船总能让大部分沙丁鱼活着回到渔港。

这是为什么呢？船长严格保守着秘密。直到船长去世，谜底才揭开。原来是船长在装满沙丁鱼的鱼槽里放进了一条以沙丁鱼为主要食物的鲶鱼。鲶鱼进入鱼槽后，由于环境陌生，便四处游动。沙丁鱼见了鲶鱼十分紧张，左冲右突，四处躲避，加速游动。这样一来，一条条沙丁鱼欢蹦乱跳地回到了渔港。正由于鲶鱼进入鱼槽，沙丁鱼感到了威胁才紧张起来，加速游动，从而使沙丁鱼活着到了港口。

这个故事告诉我们，竞争可以激发内在的活力，这便是著名的“鲶鱼效应”。的确，只有通过竞争，人们身上蕴藏着的巨大的潜能才能够释放出来。其实，家庭教育中也是如此，父母应该让孩子处于一个竞争而非安逸的环境中，培养孩子积极的竞争意识，孩子才能充分发挥自己的潜能，以便在社会竞争中立于不败之地。

竞争激发潜能

当今社会，竞争越来越激烈，人们越来越认识到培养青少年的竞争意识和竞争能力的重要性，并且已经成为当前家庭教育的重要内容。因为竞争可以让孩子不断提高自己、超越自己。而且，良性的、有益的竞争，能促进孩子不断前进。它就像一个强有力地推动器，让孩子释放自己最大的潜能，取得更好的成绩。

加拿大一位享有盛名的长跑教练，短时间内培养出了多名长跑冠军。人们四处打探他的成功秘诀。结果却让大家颇感意外。原来秘密就在于他有一个神奇的陪练，这个陪练不是人，而是一只凶猛的狼。

为了使运动员始终保持竞技状态，作为每天训练的第一课，这位教练一直要求队员跑步到训练场，不能使用任何交通工具。有一名运动员的家距离训练场并不远，但他每天几乎都是最后一个到场。教练准备放弃他，劝告他早些改行，以免浪费自己的时间。

突然有一天，这名队员竟然比其他人早到了20分钟。教练根据他离家的时间进行测算，惊奇的发现其速度已经打破了世界纪录。于是，他向队员详细了解情况。

原来，这名队员在离家不久经过一段5公里的旷野时，遇到了一只野狼。野狼拼命地追，吓得他在前面拼命地跑，直到将野狼远远的甩在后面。

打破世界纪录仅仅是因为一只野狼——因为后面有一个可怕的敌人，是敌人将人的全部潜能最大限度的激发了出来。教练对此颇有所悟。不久，教练就请了一个驯兽师，带来几匹狼，每到训练时刻，就将狼从笼子里释放出来，追赶运动员，结果队员的成绩有了很大的提高。

上述教练之所以能够取得成功，是因为他掌握了一个道理，即竞争的力量会让一个人爆发出最大的潜能，创造出惊人的成绩。因为，竞争对手就在你面前，如果你不努力，你的生命就会有危险。同理，孩子在成长的道路上也是如此，如果缺乏竞争力，最后只能被他的竞争对手打败。

家长错误做法：给孩子提供安逸的环境

现在的孩子多是独生子女，父母为了保证他们健康成长，不惜一切代价为孩子提供舒适安逸的环境。如，现在的孩子多是“衣来伸手，饭来张口”，他们上学、放学，自行车、摩托车、三轮车、轿车来回接送，孩子不用多走一步路。甚至有很多孩子进教室门的时候还是两手空空，因为后面有父母帮他们提书包……

俗话说：“温室里长不出参天松，庭院里练不出千里马。”试想：如果我们的孩子3岁还不会自己撒尿、4岁还不会自己穿衣、5岁还认不得回家的路……如果一个人在生活和工作中，总是依赖别人的呵护与帮助，即便他具有再高超的技能，也只能在激烈的竞争中不堪一击。因此说，独立能力是竞争力的前提。但是，父母一味地让孩子生活在舒适安逸的环境中，无疑是扼杀了孩子独立生活的能力，进而使孩子丧失了竞争力。

心理专家建议：培养孩子的竞争能力应该从小做起

现代社会，竞争越来越激烈，然而在父母精心呵护下的孩子却慵懒柔弱，没有活力，经不起一点打击，缺乏竞争的动力与激情。如此下去，当孩子走上竞争激烈的社会时，肯定会因能力不足而被社会淘汰。到那个时候，恐怕父母也回天乏术了。所以说，要想让孩子适应竞争激烈的现代社会，父母就应该从小培养孩子的竞争意识。

1．培养孩子的胆识

竞争需要胆识。胆识就是胆量与见识，有了胆量，孩子就敢于冒险，敢于迎难而上、开拓进取；有了见识，孩子就会见多识广、博闻强识，了解现实，并能驾驭现实。

2．要引导孩子公平竞争

让孩子树立拼搏的观念，但也要让孩子知道竞争是公平的，容不得忌妒，忌妒只会让自己把心思放在如何让别人不如自己上，而不知道必胜的法宝是如何让自己强于别人。最终害了别人，也贻误了自己。机会面前人人平等，要有敢于竞争的勇气和信心，才能成为竞争中的强者。

3．要克服孩子的自卑感

这是在竞争中取得胜利的保证。当孩子在竞争中遭受失败或挫折时，父母要正确引导孩子分析失败的原因，帮助孩子总结经验教训，调整竞争目标，寻求更有效的竞争方法，以备下一次竞争中能够扬长避短、趋利避害，取得成功。

4．使孩子树立“努力做到最好”的信念

要让孩子知道，胜利者、强者、伟人不是独一无二的，每个人都可以做到。要相信自己只要坚定信念，也可以在同样的范围内做到最好。如果一个人毫无追求，对一切都感到很满意，那就谈不上什么“做到最好”地奋斗了。

七 果汁软糖效应：培养孩子的自制力

生活中，只有那些具有良好自制力的孩子才能够控制自己的情感和行为，实现他的人生目标。所以，教育孩子时，不要忘了培养孩子的自制力。

教室里坐着几十个年仅4岁的小孩，每个孩子面前都放着一块果汁软糖。 老师告诉他们：等他离开后，大家可以去吃放在桌子上的那块软糖。但是，如果谁愿意先不吃，等到老师办完事情回来再吃，谁就会多得到一块果汁软糖。也就是说，如果孩子能够坚持等待老师回来再吃，他就可以吃到两块果汁软糖。

面对糖果的诱惑，部分孩子决心熬过“漫长的”等待时间。为了抵制诱惑，他们或是闭上双眼，或是哼哼叽叽地唱歌，或是干脆努力睡觉。凭着这些简单实用的技巧，这些小家伙们勇敢地战胜了自我，最终得到两块糖的回报。而那些性急冲动的孩子几乎在老师走出教室的瞬间，就把糖送进了自己的嘴里。

十几年之后，这些孩子的差异非常明显。那些能够控制自己不吃糖的孩子，显然具有较强的竞争能力、较高的效率以及较强的自信心。而那些在当年经不住诱惑的孩子，多羞怯退缩，固执己见又优柔寡断；一遇挫折就心烦意乱，把自己想得很差劲或一文不值；遇到压力往往退缩不前或不知所措。

这就是著名的“果汁软糖效应”。它向我们揭示了这样一个道理：一个人要想取得卓越的成就，实现人生目标，应具备控制冲动、抵制诱惑的能力，而这种能力是可以通过后天培养教育来获得的。因此说，为人父母者，在教育孩子的过程中，切不可忽视对孩子自制力的培养。

一分克制是十分力量

培根曾经说过：“一分克制是十分力量。”生活中充满各种各样的诱惑，自制力差的孩子常常会不知不觉陷入其中，如有的孩子沉迷网络不能自拔，有的孩子啃小说到废寝忘食的地步，有的孩子很难安安静静地坐上一堂课……但有的孩子在父母的正确引导下，则能够拒绝种种诱惑，做出有利于自己的行动，进而取得进步。

从上学开始，申申的成绩就一直是名列前茅，可是，自从迷上电脑游戏之后，成绩就直线下滑。他的母亲了解到这一情况之后，把他痛打一顿，申申也向妈妈保证不再玩电脑游戏。可后来，妈妈发现他还是偷偷地玩。

为此，申申的父母咨询了教育专家，意识到造成这一问题的原因是孩子太小，自制力薄弱。于是，父母就决定从培养孩子的自制力开始，考虑到青春期的孩子比较叛逆，不喜欢说教，申申的妈妈就写了个纸条放在儿子的书桌上：“我知道你内心是矛盾和痛苦的，你认识到沉溺电脑游戏对学习有害，但又陷入其中不能自拔，这都是自制力太弱导致的。高尔基说过，哪怕是对自己小小的克制，也会使人变得坚强。”

看到妈妈的纸条后，申申主动向妈妈打听怎样才能增强自制力。妈妈告诉他说：“不需要特殊方法，自制力是在日常生活小事中逐步磨炼出来的。比如按时起床，还是再赖会儿床；看精彩节目，还是完成作业。这都是对自制力的考验。如果你在小事上加强自制力的锻炼，遇到大事，也能表现出坚强的自制力。”

后来，在父母的引导下，申申的自制力果然得到了很大的提升，网瘾戒掉了，学习成绩又开始像以前一样优异了。

父母错误做法：总是满足孩子的任性要求

每个父母都希望自己的孩子意志坚强，自制力强。但是在教育孩子的过程中，很多父母的做法非但不能增强孩子的自制力，还会让孩子的自制力变得越来越弱。其中父母最常见的错误做法就是满足孩子任性、无理的要求。

例如，按规定孩子一天只能玩一个小时的电脑，结果在孩子的央求之下，有的父母在孩子玩了一个小时之后又继续让孩子接着玩；还有的父母，平时不准孩子饭前吃糖、逛商场也不准孩子乱要东西……可是孩子一哭一闹，他们就把这些规矩抛在了脑后。无疑，父母的这种行为对培养孩子的自制力是毫无用处的，而且会起到相反的作用。

心理专家建议：培养孩子的自制力，方法很重要

有的孩子爱哭爱闹；有的孩子做事拖拖拉拉；有的孩子“蛮不讲理”；有的孩子思想不集中；有的孩子做事虎头蛇尾，只有“三分钟热度”；有的孩子想到做不到；凡此等等，都是孩子在成长过程中未经足够的训练，自制力比较弱的表现，而这些表现对孩子的成长是极为不利的。因此，父母一定要注意培养孩子的自制力，在培养的过程中，心理专家提醒父母一定要注意方法。

1. 在游戏中培养孩子的自制力

一般孩子都喜欢模仿学校的游戏，回到家里，父母可让他扮演老师的角色，像老师一样有耐心、有礼貌。在交通安全教育的游戏中，让他扮演交警，要求他像交警一样笔挺站立十五分钟，指挥交通。喜爱游戏是孩子的天性，在游戏中培养孩子的自制力，往往能取得极佳的教育效果。

2. 给孩子树立良好的榜样

给孩子树立一个延缓满足、善于等待的榜样也能有效改善孩子的自制力。善于模仿、易受感染是儿童的重要特点，让孩子学习那些不为小奖励所

动而选择延缓后得到更大奖励的孩子，慢慢便会养成善于等待，善于控制冲动的习惯。家长应该给孩子树立良好的榜样，如果家长自制力不强，孩子则很难抑制自己的冲动。

3．从孩子感兴趣的事情着手

在生活中，要不断丰富孩子的经验，培养孩子的兴趣。从孩子感兴趣的事情中选出一项让孩子坚持下去，这对培养孩子的自制力极为有利。不过孩子的经验不足，感兴趣的东西有限，所以要尽量让孩子接触新事物，从中培养孩子的兴趣。

八 篮球架效应：

够得着的目标才有吸引力

父母在给孩子确定学习或者奋斗目标的时候，应该确定一个孩子能够够得着的目标，这样的目标对孩子来说更有吸引力，也比较容易实现。

我们都知道，如果篮球架有两层楼那么高，那么对着两层楼高的篮球架子，几乎谁也别想把球投进篮圈，自然，也就不会有人去做投篮这样的傻事了。但如果把篮球架架的跟一般人高矮差不多，不管是谁都能够不费力气地把球扔进去，而且“百发百中”，那么，自然也不会有人玩，因为没有意思。

正是因为这个努力跳一跳，能够够得着的高度，才使得篮球成为一个世界性的体育项目，引得无数体育健儿奋争不已，也让许许多多的爱好者乐此不疲。篮球架子的高度启示我们，一个“跳一跳，够得着”的目标最有吸引力，对于这样的目标，人们才会以高度的热情去追求。

上面所述就是著名的“篮球架效应”。它给父母的启示是，在给孩子确定学习或者生活目标的时候，应该不断定出一个“篮球架”那么高的目标，让孩子都能“跳一跳，够得着”。也就是说，制订的目标，既要让孩子力所能及，又要不断拔高；既要让孩子有机会体验到成功的欣慰，不至于望着高不可攀的“果子”而失望，又让孩子感到要摘到这样的“果子”得经过努力。这样，才能收到良好的教育效果。

目标太高会让孩子望而却步

生活中，如果父母给孩子确定的目标过高，即使孩子付出十二分的努力也很难达到，这样的目标就会给孩子带去强烈的挫败感，严重打击孩子的自信心，从而使孩子丧失了斗志。在教育孩子的过程中，每个父母都会在某一阶段给孩子确定一个目标，都希望孩子成为同龄中的佼佼者。但是，这个过程需要一步步地去实现，如果开始就给孩子确定一个很高的目标，只会让孩子望而却步。

佳佳是初中二年级的学生，平时的考试成绩在班上都是倒数几名。然而有一次，他的成绩忽然提高了很多，名次一下跃居在班里中等以上。他的父母知道这一情况后兴奋不已，于是对佳佳说："你这次进步很大，爸爸妈妈相信你在下次期末考试中一定能够跃居班里前三名。"

佳佳听到父母鼓励的话语，不但没有半点喜悦之情，还背上了沉重的思想包袱，心理压力一天比一天大，整天唉声叹气。因为佳佳心里清楚：离期末考试不到半年的时间，凭他的学习基础，即使他不吃不睡，把时间全都用来学习，也不可能取得班级前三名。结果呢，期末考试成绩出来之后，佳佳的父母很失望，因为佳佳的成绩非但没有比上次进步，反而又一次名落榜尾。

父母错误做法：恨不得孩子"一口吃成个胖子"

"大跃进"，"浮夸风"时代，"人有多大胆，地有多大产"，"亩产粮食要过万斤"，曾一度成为人们追求的目标。这目标够大、调子也过高。但只要稍微有点农业常识的人都清楚，无论人们多么努力，科技有多发展，粮食亩产量过千斤都难，要过万斤更无法实现。可当时，人们推崇的是"不怕做不到，只怕想不到"。结果，亩产量虽"浮夸"出来了，可群众却连肚子也不能吃饱。

在教育孩子的过程中，很多父母也都犯了这么一个错误，恨不得孩子"一口吃成个胖子"。这样的例子在生活中比比皆是，上述案例中佳佳的父母就是典型。例如，有的父母在孩子刚刚会走路的时候就恨不得孩子会跑；孩子学琴不到两个月，他们给孩子确立的目标就是钢琴家；有的孩子刚刚表现出对篮球的兴趣，父母给他确定的目标就是超过姚明……结果呢，孩子在这种"高目标"的教育方式之下，非但不能取得进步，达到父母的要求，还丧失了对这种事物的兴趣。

心理专家建议：给孩子确定目标，要保证孩子够得着

众所周知，唱高调的目标，虽然显得冠冕堂皇，但根本无法实现，等于空口说白话。目光短浅，胸无大志，同样不可能有出息。因此，父母在给孩子确定目标的时候，一定要保证孩子“跳一跳，够得着”，它包含两层意思，一是要“跳一跳”，二是要“够得着”。“跳起来”是实现目标的过程与途径；“够得着”则是指目标并非高不可攀。这样的目标，才能激发孩子进步的激情。为此，在确定目标的时候，父母一定要注意：

1．把大目标分成几个小目标

根据篮球架效应，父母可以采用分割目标的方法：把一个大的、总的目标分解成几个小目标，最先拟定孩子容易达到的目标，达到了之后再让孩子开始下一个目标。例如，想要使学习成绩中等的孩子名列前茅，就可以把这个大目标分成几个小目标：即中等—中等靠上—前二十名—前十五名—前十名—前五名。

2．根据孩子的实际情况确定目标

有的父母在给孩子确定目标的时候，总是脱离孩子的实际情况。例如，孩子天生五音不全，父母却希望他未来成为音乐家；孩子天生爱静，父母却定目标让他成为体育健将……如此这般，孩子即使使出吃奶的劲，也不可能实现。所以说，在给孩子确定目标的时候，父母一定要先弄明白孩子的实际情况如何，自然条件怎么样。

第六章

性格培养，父母绝不能忽视

日本一位心理学家认为：“心理变，态度亦变；态度变，行为亦变；行为变，习惯亦变；习惯变，人格亦变；人格变，命运亦变。”所以说，教育孩子的过程中，父母一定要注重培养孩子自信、乐观、积极等良好性格。

一 秀才赶考效应：

培养孩子乐观的性格

许多父母都想让自己的孩子成为一个优秀的人，但前提是一定要把乐观的种子，播进孩子幼小的心田。

一位秀才进京赶考，住在一家旅店里。考试前两天的晚上他做了两个梦：第一个梦是梦见自己在墙上种白菜；第二个梦是下雨天他戴了斗笠还打着伞。这两个梦意味着什么，秀才摸不着头脑，第二天他便去找算命先生解梦。

算命先生听完他诉说两个梦后一拍大腿："我看你还是打道回府吧，没有什么希望了。你想，高墙上种白菜不就是白种吗？戴了斗笠还打着伞不是多此一举吗？"秀才一听，心一下掉进了冰窟窿，回旅店后便收拾包袱准备回家。

店老板感到有点奇怪，问他还没考怎么就要回去。秀才如实地把算命先生的解梦说了一遍。店老板听了乐了："依我看，这次你一定要留下来，希望大大的有。你想：高墙上种白菜不是高种吗？戴斗笠还打伞不是有备无患吗？"秀才一听，觉得挺有道理，于是一改心灰意冷的神态，精神饱满地参加了考试，结果中了个探花。

不难看出，上述故事给了我们这样一个启示：在悲观者的眼里，成功很远；在乐观者的眼里，成功很近；秀才正是因为抱有乐观的态度，才高中探花。这就是心理学上的"秀才赶考"效应。的确，乐观常常能够给人带来快乐、智慧与勇气，因为它能让人们看到"希望"，并坚定信心行动起来。因此说，父母如果想要让自己的孩子变得优秀，就要培养孩子积极乐观的性格。

乐观的性格更迷人

儿童心理学家马丁．赛力格曼认为，乐观是一种很迷人的性格，除此之外，它还有更神奇的功能，那就是能使人对生活中的许多困难产生心理免疫力。乐观的孩子不易患忧郁症，他们也更容易成功，身体也比悲观的孩子更健康。乐观是孩子对未来充满信心而又不断进取的性格特征，他们能将路越走越宽；而悲观者看不到人生的光明，只会使路越走越窄。

美国有一对兄弟，一个出奇的乐观，一个却非常悲观。

有一天，他们的父母希望兄弟俩的性格都能改变一些。于是，他们把那个乐观的孩子锁进了一间堆满马粪的屋子里，把悲观的孩子锁进了一间放满漂亮玩具的屋子里。

一个小时后，他们的父母走进悲观孩子的屋子时，发现他坐在一个角落里，一把鼻涕一把眼泪地在哭泣。原来，他不小心弄坏了玩具，怕父母责骂自己。

当父母走进乐观孩子的屋子时，却发现孩子正在兴奋地用一把小铲子挖着马粪，他把散乱的马粪铲得干干净净。看到父母来了，乐观的孩子高兴地叫道："爸爸，这里有这么多马粪，附近肯定会有一匹漂亮的小马，我要给它清理出一块干净的地方来！"

这个乐观的孩子就是后来的美国总统里根。他从报童到好莱坞明星，再到州长，直至当上了美国总统。这中间，乐观的性格起到了很大的作用。

父母错误做法：总是怨天尤人

乐观是一种积极的生活态度，也是一种性格。如果孩子能够用积极、乐观的心态来对待生活和学习，肯定会有一个光明的未来。然而现实生活中很多孩子小小年纪就学会用悲观的眼光看世界，遇到事情，总是会想到不好的一面。之所以会出现这种现象，与孩子所受的家庭教育有着很大的关系。

例如，很多父母总是在家里怨天尤人，他们经常会说："我们办公室的人真是太懒了，一点合作意识都没有"，"有能力不如有关系啊，我们领导的小舅子刚上班没两年，就提升了一级”，“哎，努力也没用，生活是灰暗的”，“该死的天气，又下雨了”……在这样的家庭环境中长大，父母的情绪很容易感染给孩子，进而孩子会用悲观的眼光来看这个世界。

心理专家建议：让孩子感染父母乐观的情绪

阿兰曾经说过：“烦恼是我们患的一种精神上的近视症，应该向远处看并保持积极乐观的心态，这样我们的脚步就会更加坚定，内心也就更加泰然。”守住乐观的心境实在不容易。悲观在寻常的日子里随处可遇，而乐观则需要努力，需要智慧，才能保持一种人生处处充满生机的心境。作为父母，该怎样培养孩子乐观的性格呢？

1．父母要乐观

要培养孩子乐观的品质，父母首先必须要乐观。父母在处理自身和家庭问题时的乐观态度，对孩子具有重要的示范作用，孩子通过观察和模仿逐渐养成乐观品质。

2．培养孩子的自信心

父母应让孩子对各种事情进行尝试，而且要经常对孩子说：“孩子，你行！”孩子有一个特点，他对自己的评价是以别人的评价为标准的，如果他经常听到家长说“你行！”他就会对自己有信心。

3．教会孩子调整心态

当孩子陷入痛苦或忧虑之中时，父母应当帮助他们找到摆脱的方法。如采取听音乐、阅读、骑自行车或与朋友交谈等方法，让孩子从失望中振作起来，尽快恢复愉快的心情，保持乐观的情绪状态。

4．教会孩子与他人融洽相处

与他人融洽相处有助于培养乐观的性格，因为与他人融洽相处者心中较为光明。父母可以带领孩子接触不同年龄、性别、性格、职业和社会地位的人，让他们学会与不同的人融洽相处。此外，父母自己应与他人相处融洽，热情待客、真诚待人，给孩子树立起好榜样。

5. 保持家庭的美满和谐

家庭和睦，也是培养孩子快乐性格的一个主要因素。著名心理学家法迪斯说：“在孩子学会语言之前，他们是从感情的氛围中得出自己的结论的——这个世界是一个令人忧虑、愤怒的地方，还是一个安全、愉快的乐园。”有资料表明，在幸福的家庭中成长起来的孩子，成年后多能保持乐观的性格，与那些家庭不幸的孩子相比，他们大多能幸福快乐地生活。

二 从众效应：
让孩子保持自己的个性

很多孩子在成长的过程中遇事人云亦云，以致在模仿中丧失了自己的个性。作为父母，应该让孩子正确地看待他人的行为，保持自己的个性。

美国人詹姆斯·瑟伯曾写过这么一段文字：

突然，一个人跑了起来。也许是他猛然想起了与情人的约会，现在已经过时很久了。不管他想些什么吧，反正他在大街上跑了起来，向东跑去。另一个人也跑了起来，这可能是个兴致勃勃的报童。第三个人，一个有急事的胖胖的绅士，也小跑起来……十分钟之内，这条大街上所有的人都跑了起来。嘈杂的声音逐渐清晰了，可以听清“大堤”这个词。“决堤了！”这充满恐怖的声音，可能是电车上一位老妇人喊的，或许是一个交警说的，也可能是一个男孩子说的。没有人知道是谁说的，也没有人知道真正发生了什么事。但是两千多人都突然奔逃起来。“向东！”人群喊叫了起来。东边远离大河，东边安全。“向东去！向东去！”人们都喊着……

上文所描述的其实是人们的“从众心理”。在日常生活中，人们的很多行为也都是受从众心理的影响。例如，大街上有两个人吵架，本没有什么大事，但围观的人越来越多，甚至导致交通堵塞。在学校里，一个孩子买了电子辞典，其他孩子也会陆陆续续地买……在心理学上，这种现象被称为“从众效应”，通俗地说就是“人云亦云”、“随大流”。

“随大流”的现象在孩子身上也是经常可以看见的，例如一个孩子看见同伴做头发，也会央求父母带自己去；看见别人都穿个性十足的衣服，也会央求父母带自己去买……事实上，很多孩子在追随他人的过程中失去了自己的个性。因此父母应该引导孩子正确地看待他人的行为，对的、适合自己的，就吸取，否则，弃之。

保持个性，让孩子与众不同

每个孩子生来都有着与众不同的个性，但是父母们往往对孩子的个性视而不见，因为他们往往习惯于用社会上所谓的共同标准去看待和衡量孩子。个性发展对于孩子的成长和成功是至关重要的，但是很少有父母去领会、认识、品味这个道理，因为他们往往习惯于在千篇一律的家庭教育、学校教育和社会教育中盲目从众。而孩子的个性一旦得到解放，他们的成长或成功往往是令人瞠目结舌的。

小时候，小约翰·施特劳斯曾经多次目睹父亲指挥乐队的风采，在这种艺术熏陶之下，他对音乐充满了崇拜、憧憬和热爱。然而，他的父亲老约翰·施特劳斯认为音乐家的生涯过于严酷，他非常希望自己的儿子将来成为一个银行家，而不是一个音乐家。

因此，他坚决反对儿子重蹈自己的覆辙，极力阻挠孩子学习音乐，甚至有一次，当他发现小约翰·施特劳斯在练琴时，不由分说粗暴地将小提琴抢过来摔成两段。为了断绝儿子学习音乐的念头，他把小约翰·施特劳斯送到商业学校学习，还专门聘请家庭教师对他严格管束，一心想把他培养成杰出的银行家。

然而，父亲的反对并未能阻止小约翰对音乐事业的兴趣、追求与热爱，他还是背着父亲暗地里偷偷学习小提琴，并且进步神速，表现出了非凡的音乐天赋。他6岁时就创作了第一首圆舞曲，19岁时组成自己的乐队……总之，在音乐方面，他取得了巨大的成就，以致被后世称为“圆舞曲之王”。

父母错误做法：按照他们的标准来培养孩子

试想：如果小约翰·施特劳斯按照父亲给他规定好的人生道路走下去，他能够取得如此大的成就吗？作为父母，最重要的是根据孩子的特点去培养孩子，不能因为别人做什么就让自己的孩子做什么。世上没有完全相同的两片树叶，更没有完全相同的两个人，所以适合其他孩子的，不一定适合自己的孩子。

但现实生活中，很多父母总是按照别人的标准来培养自己的孩子。例如，看到别的孩子学钢琴，也立马把自己的孩子送到钢琴课堂上；看到别人的孩子学舞蹈，自己的孩子也不能落后；甚至有些父母看到别人家的孩子穿什么样的衣服，理什么样的发型，也要把自己的孩子打扮得跟别人家的孩子一模一样……其实，不少孩子完全有可能成为与众不同的佼佼者的，但是在父母面前，孩子们的个性被压抑了，他们失去了个性，失去了自己，以至于自己不是自己，只是彼此的相似物。

心理专家建议：按照孩子的个性培养孩子

乌申斯基说：“在教育中，一切都应当以教育者个性为基础，只有个性才能影响个性的发展与定型，只有性格才能培养性格。”因此，在家庭教育中，父母应该按照孩子的个性来培养孩子。按照别人的标准来培养孩子，或者为孩子设计人生道路，这不仅会禁锢孩子自由发展的空间，还会引发孩子的抵触甚至叛逆心理，愿望与结果往往背道而驰。尊重孩子的个性与兴趣，因材施教、因势利导才是教育之道。那么，父母应该如何按照孩子的个性来培养孩子呢？

1．了解孩子的个性特点

要想按照孩子的个性来教育、培养孩子，其中最主要的一点就是要了解孩子的个性特点。例如，父母应该去了解孩子是内向的性格还是外向的性格，爱静还是好动……了解了孩子的个性之后，才能根据他们的个性去制订教育方法。

2．因材施教

为人父母之难，首要在于摆正位置，尊重孩子及其个性。教育有规律可循，但施教于每个孩子的身上，却要因人而异，需要每位家长斟酌再三，考虑周全。很久以前，孔子就讲“因材施教”，“材质”不同，教育之法自然不能“一刀切”。从这个意义上讲，孩子个性的培养并无“规律”一说，而需要父母从孩子本身的特点出发，重新摸索，不断调整。

3. 尊重孩子的兴趣爱好

孩子的个性在很大程度上体现在他们的兴趣爱好上，作为父母想要尊重孩子的个性发展，首先要做到的是尊重孩子的兴趣爱好。例如孩子如果喜欢考古，就不要逼孩子去学金融；孩子如果喜欢探险，就不要让孩子去学建筑……孩子只有做自己喜欢做的事情，才能有所成就，并因此显出他的与众不同。

三、木桩效应：孩子懂得谦虚才能更快进步

骄傲常常会使孩子沉湎于往日极少的胜利之中，故而不听他人的意见，最终会阻碍人生的进步。因此，父母一定要培养孩子谦虚的性格。

一个博士生应聘到一家研究所工作，他觉得自己的学历比所有人都高，于是对所里的人视而不见，爱理不理。研究所里有一个小池塘，厕所在池塘的对面，要去厕所得绕十分钟的路。有一次，他内急，就站在池塘边看看有没有近路可走。这时他的一个本科生同事过来了，向他打招呼说："有什么事情需要帮忙吗？"碍于面子，博士生微笑着摇了摇头。

同事和他打完招呼之后，噌噌噌地从水面上如飞似的跑到对面上厕所去了。博士见状，非常惊讶。不一会儿，一个专科生同事也是噌噌噌地漂过水面去厕所了。博士心想：本科生和专科生都能够办到的事情，我一个堂堂的博士生怎么会做不到啊？于是，他便起身往水里跨，只听"扑通"一声，博士生栽到了水里。

同事把他救上来之后，问他："好好的你怎么掉进水里去了？"博士生没有解释，反而问道："为什么你们都能够从水上走到对面的厕所里，而我一走就掉到水里了呢？"

本科生和专科生相视一笑说："这池塘里有两排木桩子，因为走的次数多了，所以即使被水淹了我们也知道怎么走。而你不了解情况，怎么不问我们一下就贸然行动啊？"

再高的学历也只能代表过去，如果一味地把学历当作是骄傲自大的资本，并因此不屑于和其他人交往，那么，最后跌落水中的还是你自己。这就是我们经常提到的"木桩效应"。因此，生活中，我们一定要养成一种谦虚

的习惯，要有一种从零做起的心态，放下架子，凡事多向别人请教，才会学到更多的知识。同理，教育孩子时，培养他们的谦虚性格是必不可少的。

满招损，谦受益

我们都知道，“满招损，谦受益”，谦虚使人进步，骄傲使人落后。因此，做父母的都希望自己的孩子做人能够谦虚谨慎，不自以为是，不骄傲自满，不妄自尊大。可是总有那么一些孩子，他们对自己很自信，甚至因自信过头而演变为自负。心理学认为，自信大多是由于我们对自己的认识过分膨胀。目空一切，心高气傲，自以为是的人，常常会被自己过分膨胀的自信冲昏头脑。“虚胖的自信”就是自高自大，它不但不能欺骗别人，还常常会伤害自己。

雅雅是小学五年级的学生，由于成绩一直名列前茅，因此非常骄傲自负。

在学校里，她处处都表现得非常“清高”，不太愿意和成绩不好的同学一起玩，觉得跟他们在一起实在没有什么意思。对于任课老师，雅雅也不太尊敬，她总觉得老师的水平不过如此，自己通过自学也能够学到很多知识。

不过，雅雅觉得最值得敬重的就是自己的爸爸了，因为爸爸常常会给雅雅介绍一些学习方法，讲一些关于名人名言的故事。因此，她也常常喜欢和爸爸聊天，甚至会让爸爸看自己写的周记。

有一次，雅雅在让爸爸看的一篇周记中表现出明显的骄傲，也体现了她看不起同学的思想；还提到了与语文老师之间发生的争执，原因是语文老师批评雅雅写作业不够仔细，而雅雅觉得老师是有意找她麻烦。

第二天，雅雅发现了爸爸写给她的纸条：“老师批评你，并不是因为看不起你，而是他希望你进步。因为他明知不批评你，你不会怨恨他；批评你则会招来你的怨恨，但是，他依然选择了批评你，原因就是他希望你进步，希望你谦虚。女儿，古语云‘满招损，谦受益’，爸爸也希望你能谦虚。”

雅雅深受感触，从此以后，在爸爸的帮助下，她逐渐改掉了骄傲的毛病。

父母错误做法：对孩子进行过多的表扬

生活中，孩子骄傲、自负性格的形成与父母有着很大的关系。很多父母，在教育孩子的时候总是轻易地、过多地对孩子进行表扬。不可否认，表扬在一定程度上能够起到激励、支持孩子的作用，但是表扬多了，就会起到反作用。尤其是对一些比较优秀的孩子来说，表扬过多往往会导致孩子产生骄傲自满的心理。

例如，孩子考个好成绩，有的父母会一而再、再而三地炫耀，次数多了，孩子就会飘飘然；还有的父母，总觉得自己的孩子聪明、智商高，因此常常把这些话挂在嘴边。在这种意识之下，孩子也会理所当然地认为自己比别的孩子聪明，变得骄傲、自负起来。

心理专家建议：帮孩子摆脱自负心理很重要

莎士比亚曾经说过："一个骄傲的人，结果总是在骄傲里毁灭了自己。"的确，骄傲是人生的大敌，而谦虚则是孩子成长与做人不可缺少的品格之一，它有助于孩子树立好人缘，有助于孩子虚心学习，踏实进步，有助于孩子在人生与事业的路上走向成功。因此，父母要想培养孩子谦虚的性格，就要先帮孩子摆脱自负心理。

1. 对孩子少表扬

当孩子成功做完一件事的时候，父母要让孩子知道这是理所当然的，尽量不在众人面前表扬他。当别人夸奖自己的孩子时，父母也不要顺势插话，而应适时地转移话题。著名教育家卡尔·威特的父亲就是采取这样的一种办法，使得卡尔.威特在学习生活中变得非常谦虚，并取得了伟大的成就。

2. 对孩子进行挫折训练

父母可以对孩子进行挫折训练，让孩子尝试失败的教训。大人可以把一些较难的事交给孩子去做，当他没能完成任务时，要帮助他分析原因，使他看到自己的不足。大人还可以和孩子一起玩智力比拼。在比拼中，要让孩子有输有赢，输的次数要多于赢的次数。当孩子失败时，要教他如何调节自己不愉快的情绪，怎样接受失败的考验。

3. 给孩子讲伟人故事

父母可以给孩子讲一些伟人不骄傲、不自满，虚心向别人学习的故事，比如孔子、牛顿、贝多芬，他们都是有大智慧的人，但是他们却很谦虚，从不自高自大，不但不鄙视不如他们的人，还虚心向不如他们的人学习。以此告诫孩子，连学识渊博的圣人、伟人都懂得谦虚，知识浅薄的他们又有什么理由自负呢？

四 “狼来了”效应：正确看待孩子的谎言

孩子说谎是教育过程中经常遇到的一种现象，遇到这种情况，父母应该及时纠正孩子说谎的坏习惯，但一定要讲求方法，避免伤害孩子的自尊心。

从前，一个放羊的男孩在一个离森林不太远的地方放羊。村民们告诉他，如果有危险情况发生，他只要大声呼喊救命，他们就会来帮他。有一天，男孩闲得无聊，便想和村民们开个玩笑。于是他就一边向村边跑，一边拼命地大喊：“狼来了，狼来了。救命啊！狼在吃我的羊！”

善良的村民们听到喊声，便拿着棍棒和斧头赶过来打狼。后来他们知道是男孩儿在开玩笑，就悻悻地回去了。男孩觉得很有趣，第二天又喊：“狼来了，狼来了……”人们又来了，不过没有第一次来的人多。他们还是没有看到狼的影子，只得摇了摇头又回去了。

第三天，狼真的来了，闯进了羊群，开始吃羊。男孩惊恐万分，大叫：“救命！救命！狼来了！”村民们听到了他的喊声，心想放羊娃可能又在耍什么花招。没有人理睬他，也没有人走近他。

这就是“狼来了”的故事，在心理学上被称为“狼来了”效应。它给我们的启示是：在生活中一定要实话实说，扮演一个诚实者的角色，给别人一种信任的感觉；如果经常说谎，谎言被揭穿之后，别人会对你的行为嗤之以鼻，进而会鄙视你、不信任你。在现实生活中，很多父母发现孩子也有说谎的行为，对此父母们就应该及时纠正孩子这一坏习惯。

孩子说谎谁之过

常听到很多父母说：“现在的孩子中说谎的人太多了，而且说谎不打草稿，随口而出。”的确，越来越多的父母发现，不知道从什么时候开始，他们的孩子竟然学会了撒谎，这让他们很是困惑和难以接受。因为在父母的认知里，说谎就是“坏孩子”的具体表现。不过，当孩子说谎的时候，做父母的不要着急处罚孩子，最重要的是弄清楚孩子说谎的真正原因。

有一对夫妇，身居高职，地位显赫。但他们并没有因此放松对孩子的教育，不管在哪一方面，他们都争取为孩子创造最优越的环境，只要是孩子提出的条件，他们一定会想方设法地满足。孩子在学习上是同学中的佼佼者，音乐、美术、体育等成绩也非常优异。

可是，他的父母苦恼的是，他们的孩子喜欢撒谎。而且谎话是张口就来，说得脸不红、心不跳的。例如，父母让他去超市买一些东西，他明明是在看电视，可他张口就说：“我没有时间，老师留了一大堆作业呢，我得赶快去做。”还有一次，他和爸爸在小区里玩，他一边踢着球，一边和爸爸说话，一不小心把球踢到了一楼邻居的阳台上，阳台上的花盆被打碎了。这时他对爸爸说：“爸爸，您千万不能告诉邻居说是我打碎的。他要是问的时候你就说不知道，要不然赔钱不说，他又要说我调皮捣蛋了……”爸爸听了他的话之后，感觉不可思议。于是一家三口走进了心理咨询室。

后来，心理咨询师了解到，他的父母身居高职，经常有人求他们办事。每当有送礼的人找上门来，他们都会笑脸相迎，来者不拒。可是一旦有远房亲戚来求他们办事，他们就会因得不到利益而不愿提供帮助，于是就对孩子说：“假如有人来找我们，或者打来电话，你就说爸爸妈妈不在家，如果他们不走，你就说我们出差了，要过几天才能回来。”结果，父母避免了麻烦，孩子却学会了说谎。

父母错误做法：要求孩子不说谎，而自己却说谎

从上述故事中，可以看出，孩子说谎主要源于对父母的模仿。另外，心理学家研究发现，说谎并不是孩子的本性，大多数孩子的说谎行为都是由家长的不良教育方式所致。例如，父母和孩子一起外出游玩，乘车时，为了不买票，谎称孩子身高没有达到标准线；别人来家里借东西时，因不想借给他人，明明家里有，却撒谎说没有；需要住校的孩子常常吵闹着不愿意去上学，有些父母就会说：“就去这一周，下周就不去了。”长此以往，孩子就会觉得说谎是很正常的，无形中从父母那里学会了说谎。

再者，父母对孩子及其他人说谎行为的态度，也会对孩子产生不可轻视的影响。比如，孩子因做错事而说了谎，父母没有及时指正，也没有给予批评教育；对别人的说谎行为没有明确地表示反对和反感；没有说明说谎是不好的行为，做人一定要诚实等观点。这样，孩子无法从父母的态度中得出一个客观的是非标准，也就只能接受父母的态度，认为说谎似乎没什么不对。

心理学家建议：要想孩子不说谎，父母首先要诚实

其实，每个孩子的内心深处都是不愿意说谎的，绝大多数父母也教育他们做人一定要诚实，诚信。可是父母在对孩子进行这种教育的时候，自己的言语和行为却存在着太多的自相矛盾的地方。孩子们看到父母表面上说得是一套，做得却是另外一套。耳濡目染，他们也就学会了撒谎。

1. 父母一定要做到言行一致

孩子在学习处理问题的方法时，多半是受父母影响的，若父母不能有一个诚实的榜样，实在很难说服孩子要诚实。因此，父母应该以身作则，在日常生活中树立一个好榜样，不要在孩子面前空许诺或说谎，孩子方可从中学到好的行为。

2. 多与孩子沟通

作为父母，一旦发现孩子说谎，不要立即训斥。很多时候孩子说谎，是父母造成的。比如，有的父母经常责骂孩子，有的父母也经常说谎，还有的纵容孩子的虚荣心，因此，父母需要进行反思和改进。同时，也要经常与孩子真诚沟通，了解他们的内心需求，进行合理引导，让他们知道做人要诚实，说谎是不对的。

3. 多给孩子讲一些故事

要想避免孩子说谎，还可以通过给孩子讲一些关于“诚实”或者“说谎”的故事来达到目的。比如，时常给孩子讲讲“狼来了”或者“列宁打碎花瓶”的故事，让孩子自己从中品味诚实和说谎的利弊所在。考虑清楚了，他们自然就不再说谎了。

五 猴子的教训：

切忌让孩子学会贪婪

与正常的欲望相比，贪婪属于一种病态心理。贪婪愈得到满足，胃口就越大。因此，家长切忌让孩子学会贪婪。

在阿尔及尔地区的长拜尔有一种猴子，非常喜欢偷食农民的粮食。当地农民发明了一种捕捉猴子的巧妙方法：把一只葫芦形的细颈瓶子固定好，系在大树上，再在瓶子中放入猴子们最爱吃的花生，然后就静候佳音。

到了晚上，猴子来到树下，见到瓶中的花生十分高兴，就把爪子伸进瓶子去抓花生。这瓶子的妙处就在于猴子的爪子刚刚能够伸进去，等它抓一把花生时，爪子却怎么也拉不出来了。贪婪的猴子绝不可能放下已到手的花生，就这样，它的爪子也就一直抽不出来，它就死死地守在瓶子旁边。直到第二天早晨，农民把它抓住的时候，它依然不会放开爪子，直到把那花生放进嘴里才罢休。

很多人认为，只有贪婪的猴子才可能干出那样的蠢事，聪明的人类是不会为了生命去冒险的。但现实生活中，贪婪的人不在少数，因为人活着就会有欲望，有欲望才可能有进步，但欲望过于强烈就是贪婪了。通常，欲望是人类进步、社会前行的原动力。但是贪得无厌，贪婪到极限，就会自取灭亡。这就是猴子留给我们的教训。因此，在家庭教育中，父母切忌让孩子学会贪婪。

贪婪到极致等于虚无

生活中，有很多父母总是抱怨说："我真是怕了我孩子，他经常向我要钱去买他想要的东西。有时候我根本不想带他去商场，因为他总是不停地要买这买那。一旦得不到满足就非常失望，甚至大哭。”其实，像这类孩子便是无限索取型的“贪婪”的孩子。的确，现在的孩子变得越来越贪婪了，可孩子一旦掉进贪婪的陷阱，就如同坠入万丈深渊，万劫不复，严重影响身心的健康发展。而且，贪婪到极致就是虚无。

有这么一个国王，他最宠爱的一个贵妃为他生下了一位漂亮的公主。国王视如掌上明珠，捧在掌心怕摔了，含在嘴里怕化了。凡是公主想要的，国王一定是竭尽全力满足她。

春雨初霁的一个早晨，公主带着几个丫环婢女在宫中的花园里玩耍。突然，公主被荷花池冒出的一颗颗状如珍珠的水泡吸引住了。公主看得出神，甚至突发奇想：“如果把这些漂亮的水泡编织成花环，那一定是世界上最最美丽的。”

于是，她下令让婢女把水泡捞上来。但事与愿违，那些婢女刚碰到晶莹如珍珠的水泡，水泡霎时就破了。公主气得浑身打战，无奈之下，她想起了自己无所不能的父亲。

“父王！您一向可是最疼我的哦，您答应过我的，不管我要什么东西，您都满足我啊！”

“我的傻女儿，水泡只是一些虚幻的东西，根本是做不成花环的。”国王微笑着对自己的女儿说，但语气中，却没有丝毫的责备。

“不嘛！我就要水泡花环，如果您不给我，我也就不想活了！”公主哭着闹着。国王无奈之下就把所有的大臣召集到宫殿里来商量此事。大臣们面面相觑，谁都没有解决的办法。

“陛下请息怒，我有办法替公主用水泡编成花环，可是您知道我两眼昏花，实在是分不清荷花池里的水珠哪些看起来比较均匀，比较适合做花环?所以我能否请公主亲自挑选，然后交给我来编织。”一位跟随国王出生入死，并且人生经验非常丰富的大臣告诉国王说。

公主听了，兴高采烈地拿起瓢，弯下腰，认真地挑选自己中意的水泡。本来光灿灿的水泡，经公主轻轻地一碰，就变为泡影。结果公主费的气力不小，却没有捞到一颗水泡。

现实生活中，有很多孩子都有着公主一样的贪婪，过分的奢求，只能让自己陷入痛苦的深渊。贪婪到了极致，结果到了最后是一无所有，因为贪婪到了极致就是虚无，就是“水泡”。

父母错误做法：纵容孩子的贪婪“天性”

教育孩子时，很多父母常常在有意无意中纵容了孩子的“贪婪”，一般来讲，主要表现在以下几个方面：

1. 对孩子有求必应

因为爱子心切，很多父母对孩子总是有求必应。例如，对于幼小的孩子来说，好奇是他们的天性，他们总是对各种新奇的玩具感兴趣。而父母呢，对孩子有求必应，使得孩子有了这个还想要那个，从而提出越来越多的要求，从而变得越来越贪婪。

2. 给孩子过多的零花钱

随着生活水平和消费水平的提高，很多父母会定期不定期地给孩子很多零花钱，同时又很少留意零用钱的“去处”，因而造成孩子开始喜爱“金钱”。那种新鲜、自主的可以尽情购物的快乐，会令孩子十分着迷，进而会越来越贪恋这种感觉。

心理专家建议：

英国的埃米尔·左拉曾经说过：“贪婪是奔向悬崖的失控野马，会把你人生的马车带入深渊；贪婪是欲望为自己挖掘的坟墓，将会埋葬你美好的前程。”所谓“人心不足蛇吞象”，一个孩子如果变得贪婪，不仅会给父母造成困扰，还会影响孩子的身心健康和未来的人生道路。那么，父母该怎么阻止孩子学会贪婪呢？一旦孩子贪婪又应该怎么帮孩子戒除呢？

1. 用格言警句培养孩子的情操

生活中，父母可以通过给孩子列举一些格言警句来培养孩子的情操，起到警示的作用。例如，关于贪婪的一些名言有：陈毅的“历览古今多少事，成由谦逊败由奢”，托尔斯泰的“欲望越小，人生越幸福”，《伊索寓言》里的“有些因为贪婪，想得到更多的东西，却把现在所有的也失掉了”。

2. 对孩子进行提问

让孩子用笔在纸上连续写下20个“我喜欢……”，限时1分钟。等孩子全部写完之后，再逐一分析哪些是孩子的合理愿望，哪些是超出能力的过分的欲望；最后再给孩子分析一下造成孩子贪婪心理的原因与危害，帮助孩子改掉贪婪的恶习。

3. 让孩子学会“知足常乐”

教育孩子的时候，要让他懂得“知足常乐”，对于一些自己能力不及的需求和欲望，一定要懂得戒掉。俗话说“人比人，气死人”，“尺有所短，寸有所长”，“家家都有本难念的经”。心理调适的最好办法就是做到知足常乐，“知足”便不会有非分之想，“常乐”也就能保持心理平衡了。

六 瓦伦达效应：平常心是获胜的关键

父母一定要重视培养孩子的平常心，因为“平常心”可以让孩子以正常的心态看待失败，冷静地看到自己的成绩与不足。

瓦伦达是美国一个著名的高空走钢索表演者。他常在离地几十米的高空表演，没有任何防护措施，同是还要克服风雨等不利因素的干扰，但总是能获得成功。瓦伦达曾说：“我走钢索时从不想到目的地，只是想走钢索这件事，专心走好钢索，不管得失！”

但不幸的是，他在一次重大的表演中，失足身亡。事后，他的妻子说，“我知道这一次一定要出事，因为他上场前总是不停地说，这次太重要了，不能失败，而以前每次成功的表演，他总想着走钢丝这件事本身，而不去管这件事可能带来的一切。”

这就是著名的“瓦伦达效应”，它给了我们这样一个启示：不管做什么事情，一定要保持一个平和的心态。如果总是想得太多；太在乎事情所带来的后果、太在乎别人的闲言碎语、说三道四、太在乎现在和未来的一切，恰恰会忽略事情本身。比如当一个高尔夫球手击球前一再告诫自己“不要把球打进水里”时，他的大脑里就会出现“球掉进水里”的情景，而结果往往事与愿违，这时候球大多会掉进水里。孩子考试，如果考试前总是在想，我万一考不好怎么办，最后的结果也往往不会考好。究其原因，是因为他们都没有一个良好的心态，都缺少一颗平常心。

失败面前孩子缺乏站起来的勇气

每个孩子都向往成功，然而，在通往成功的道路上，必然暗藏着失败。有的孩子因为失败而奋进，因为他们能够直面失败，挑战失败，不会轻易被打倒；但有的孩子则因为失败而沉沦，缺乏站起来的勇气。究其原因是前者有一个良好的心态，有一颗平常心，因此能够“胜不骄，败不馁”；而后者太过好胜，整天都处于高度紧张的状态之中，心理承受能力很差，心态不好，他们在做事情的时候常常会害怕失败，结果也常常会失败，而一旦失败他们又缺乏站起来的勇气。

年仅6岁的兰兰，已先后三次夺得所在城市儿童口语故事比赛冠军，同时在绘画、表演等比赛上也都拿过各种各样的名次。老师们常常夸她是个聪明的孩子，父母更是以她为荣。兰兰自己也因此飘飘然，觉得自己很了不起。

又一次城市儿童口语故事赛来临了。参赛之前，父母和老师都觉得她一定能再次拿个冠军回来，甚至连“庆功宴”都准备好了。而兰兰呢，自己也非常重视这次比赛，上场之前，一再暗示自己：“一定要拿个冠军回来，要不然爸爸妈妈、老师、同学会怎么看我呢？”

然而，那次的城市儿童口语故事赛兰兰不仅没有取得冠军，连季军也与她无缘。尽管爸爸妈妈安慰她说“胜败乃兵家常事”，然而兰兰无论如何还是不能接受如此“残酷”的事实。她也因此一蹶不振，以致在后来各种各样的比赛中无一胜绩，两年以后，兰兰已经不敢参加任何比赛了。

父母错误做法：只允许孩子成功，不允许孩子失败

现代社会竞争非常激烈，为了能使孩子将来在竞争中立于不败之地，成为“人上人”，许多家长在孩子很小的时候就刻意培养他们的“好胜心”和“竞争意识”。不管孩子做什么事情，父母都是只允许孩子成功，不允许孩子失败。

例如，如果孩子参加考试，考试之前很多父母会一而再、再而三地叮嘱孩子一定要考个第一名；如果孩子考试稍差，便会对孩子冷眼相对；如果排

名靠后，便暴跳如雷，甚至大打出手。结果使孩子从早到晚都处于高度紧张的状态之中，不仅会损害孩子的身体健康，还会影响到他们的心理健康。这样做的结果，就会像法国人海涅所言：“即使种下的是龙种，收获的可能是跳蚤。”使孩子成为一个最没有志气的平庸之辈，变成“人下人”。

在这种强大的心理压力之下，孩子会逐渐失去学习的兴趣，最严重的是孩子在考试的时候变得胆怯、恐惧、厌恶等，结果考试自然会失败，而失败之后更会变得一蹶不振。因为世界上没有常胜将军，一路顺境突然遭遇挫折，孩子在心理上便承受不了了。

心理专家建议：要想孩子取得成功，平常心是关键

法拉第曾经说过一句话：“拼命去换取成功，但不希望一定会成功，结果往往会成功。”这就是成功的奥秘。美国儿童教育专家艾森指出，对大多数孩子来说，引导他们拥有一颗“平常心”更为重要。因为“平常心”可以让孩子以正常的心态看待比自己优秀的同伴，冷静地看到自己的成绩和不足。因此说，在教育孩子的过程中，父母一定要注重对孩子“平常心”的培养。那么，如何培养孩子的平常心呢？

1. 教子应有平常心

如何培养孩子的平常心呢？教育专家孙云晓认为，父母首先要具备一颗平常心。作为父母，在教育孩子的过程中，要正确看待孩子的成功和失败，不能把成功看得过重，更不能因为孩子的一次失败就责备孩子甚至打骂孩子。此外还应该尊重孩子的人格，相信孩子的选择。如果父母的心态不平和，一味地要求孩子成功，那么孩子也难有一颗“平常心”。

2. 注重提高孩子的心理素质

很多孩子在失败面前之所以一蹶不振，其中最主要的原因就是心理素质不好。对此，父母一定要注重提高孩子的心理素质。例如，给孩子看一些关于心理方面的书籍，或者给孩子讲一些名人、伟人失败的故事，也可以对孩子进行适当的心理训练……如果孩子的心理素质得到提高，失败面前定然能够泰然自若。

3. 引导孩子积极看待竞争

竞争应该是一件富有刺激的、让人紧张也让人兴奋的事情。固然胜利值得欢呼，失败让人无奈，但最值得回味的还是那中间磨人的过程，任何一个困难的克服，任何一次对自己的控制，任何一次费尽心机的计划，都是耐人寻味的。因此，父母一定要引导孩子积极地看待竞争，告诉孩子，最重要的是拼搏、努力的过程，而不是结果。

七 攀比心理：帮孩子摆脱虚荣心

很多孩子为了满足自己的虚荣心，一味地与他人比吃、穿、用、行等，对身心发展极为不利。因此，父母应该帮助孩子戒除攀比心理。

一只花猫站在窗前，看见大雁从高空飞过。心想：大雁活得多自在！哪像我，爬床底、钻黑洞、捉老鼠……于是它叫道："大雁，您等等。我有话说。"

一只大雁落下问："有什么事要我帮忙吗？"花猫说："我活得很不自在……" 大雁问："你有什么不自在的？主人给你准备了食品，你每天可以睡大觉。我们冬天向南飞躲寒冷；夏天往北飞避酷暑。真羡慕你啊。"

花猫说："你把翅膀给我用几天，然后在这儿体验下我的'幸福生活'。"大雁答应了，花猫安装好翅膀后，怎么也飞不起来。它又爬到十层楼顶往下跳，结果摔得好惨。

大雁在房子里，觉得胸闷、气喘。肚子饿了，却不想吃猫食盆里恶心的食物。花猫回来了，大雁问："怎么样？"花猫懊丧地说："别提了。还是待在房子里好。"又问："你休息得可好？"大雁说："我差点被憋死，还是在天空翱翔好！"

大雁和花猫对自己目前生活环境都不满意，而一直认为对方的环境更好。但是真正互换以后才发现，别人的环境也并没有自己想象得那么好。这就反映了人们的一种攀比心理，总是喜欢拿自己的状况去和别人对比，然后对自己的工作或者生活环境表示不满，并因此感到痛苦。现代社会，攀比现象在孩子身上也变得非常普遍，这会给他们以后的人生带来不利的影响，因此父母一定要坚决制止孩子的攀比心理。

理智对待孩子的攀比

当我们在不停地强调大人不可攀比时，一场迅猛的攀比之风又开始在孩子身上蔓延了。例如很多大一些的孩子先攀比买手表、买收录机；后攀比买名牌服装、运动鞋；再攀比买手机、买电脑。不光是年龄大一点的孩子，就连中学生、甚至小学生的攀比已经不仅仅限于什么名牌服装了，他们已经到了攀比谁家的车子更高档上来了。攀比之后，很多孩子会有巨大的心理落差，因此会产生低自我价值感和低自尊的挫折感，进而引发焦虑。

汤恩小时候是移民，家里贫穷、拥挤，心里自然很渴望社会的接受。在小学期间他认识了一个很喜欢的朋友，医生家庭，非常富有，住着明亮干净的别墅，而那个朋友也总是穿着得体整洁大方。得到这样的朋友汤恩心里非常自豪，也感觉好像是得到了主流社会的认可，小心翼翼地生怕失去。

作为好朋友汤恩被邀请去朋友家吃饭，宽大的餐桌、雪白的桌布、牛排西餐、闪亮的刀叉让他惊叹。礼尚往来，他自然也要请朋友到自己家里吃饭。他非常忧愁，甚至恐慌，因为自己家里常年只吃一种菜，就是把各种各样的菜炖在肉汤里，黑黑的，一点也不好看。汤恩甚至逼自己的母亲去学习做西餐，要求母亲准备精美的餐具，多次要求都被母亲拒绝，母亲说："我不能因为请客就换掉餐具，我们的钱只能花在必要的地方，如果他因为这些就不和你做朋友，那么他就不是你的朋友！"

请客那天，汤恩心里忐忑不安，他想象着朋友告诉同学自己家里是那么寒酸，那么可笑，进而所有人都嘲笑自己的情景。当他的妈妈一边给朋友夹菜一边说：长得太瘦了，一定要多吃点时，汤恩觉得简直无地自容。但是他的朋友在试着吃了一碗菜后，居然又要了一碗，说真好吃。

经过这次，两人的友谊当然继续，汤恩感受到了更多自信，原来自己的忧虑那么多余，母亲的自然坦荡也让他知道，自己拥有的并不值得羞愧。

父母错误做法：父母的虚荣造成了孩子的攀比

孩子之所以会出现攀比心理，这与父母的教育和影响有着密切关系。在我们身边，有很多父母愿意为孩子花大钱，无论是衣物，还是生活用品，全部要用名牌。的确，很多父母喜欢把牌子货堆砌在孩子身上，从而彰显自己的身份、地位和品位。

还有些父母，即使经济条件不宽裕，因为担心孩子被人瞧不起，所以当孩子说别家孩子有什么东西时，父母便迫不及待为自己的孩子也买一份，哪怕自己再苦再累也在所不惜。这会导致孩子错误以为面子是最重要的，日后可能为了撑面子而做出不切实际的行为。这些父母不断地灌输一种“我们家很有钱”的观念，是造成孩子日后追求无度、虚荣的基础，也很容易让孩子模仿，进而去攀比。

心理专家建议：对孩子的攀比说“不”

攀比心理会导致人们产生某些心理问题，它会使个体陷入思维的死角，产生巨大的精神压力和极端的自我肯定或者否定。对自己和周围环境缺乏理性的分析，沉溺于攀比中无法自拔，产生忌妒、愤怒、仇恨的心理，对人对己都很不利。再者，如果孩子总是把攀比用在比吃、比穿、比花钱上，那么攀比之心要不得，作为父母，一定要坚决扼制孩子的这种攀比心理。

1．父母不要一味满足孩子的任何要求

父母一味满足孩子提出的任何要求，就会助长孩子奢侈的消费观念和攀比心理，还可能将孩子引入歧途。作为奖励，可以偶尔给孩子买一两件有助于孩子学习的用品，这样既可以提高孩子学习的积极性，又不至于使孩子养成奢侈的习惯。

2．教孩子进行正确的比较

攀比心理缘于比较方式的不当，就是盲目攀比。在日常生活中，孩子往往会不自觉地进行着各种比较：把自己的能力和他人对比；把自己的吃喝穿

用和他人比；自己的家庭出身和他人比较等。其实，父母只要多让孩子想一想那些普通劳动者，孩子的心里也许就不会有这么多的焦灼、急躁与失落，甚至是愤愤不平了。面对众多普通人，孩子的心里就会多一份平静豁达，甚至多一份愧疚。

3．将物质攀比化为精神较量

孩子与人的攀比大多是物质和金钱上的攀比，因此，父母可以利用孩子的这种竞争倾向，将攀比的目标转向学习、才能、意志力、良好行为等方面，正确引导孩子发奋努力，勇于超越，不但矫正了孩子不正确的攀比心理，还有助于孩子学习成绩的提高。

八 旁观者效应：培养孩子的责任心

一个没有责任心的人，常常会哀叹自己的不幸，抱怨生活的不公。其实，只有敢于承担责任，才会有好运降临，因此父母应该注意培养孩子的责任心。

在群体中，人们普遍存在着一种“责任分散”心理。即随着责任人数量的增多，责任人的责任感就会相对降低。因为他们会觉得，反正也不是自己一个人承担，自己完全没有必要干得那么起劲。于是在相互推诿之下，谁都不努力，结果严重影响办事的效率。甚至因为缺乏责任感，还可能导致悲剧的发生。

有这样的一个案例，1964年，纽约发生一起谋杀案。一位酒吧的女经理在公园附近被杀害，而当时附近的住户中有38人看到女经理被杀的情形或听到她的呼救声，但是却没有一个人挺身而出。事后，媒体纷纷谴责人们的冷漠。

从心理学上讲，这叫做“旁观者效应”。在紧急情况发生时，当有其他目击者在场，人们的责任感就会削弱，成为袖手旁观的看客。在这种心理效应的影响下，随着目击者人数的增加，人们的责任心却是递减的。这样的心理往往会使人变得懒散和麻木，造成见死不救的“集体冷漠”的局面。但是，这种缺乏责任的意识极不利于个人的成长，对孩子来说更是如此，因此父母一定要有意识地培养孩子的责任感。

责任心关系到孩子的未来

一种性格关系到一个人的命运。只有具备了责任心的性格，才会收获一个金色的人生。把一个孩子养育成一个有责任心的人，这是多数家长的共同目标。培养孩子的责任心，是关系到他将来的命运，决定着孩子人生的大事。给孩子一个信念，做一个有责任心的人，对自己、对他人负责，好好学习、好好生活，将来做一个对社会有用的人。孩子责任心强，做任何事情都负责任，非常认真，磨炼了意志，具备了克服困难的毅力，做任何事情就容易成功了。但是现实生活中，很多孩子都缺乏责任心，他们任性自私，蛮不讲理。

东东是一个聪明、开朗的孩子，但有个“常有理”的毛病，总爱找各种借口为自己辩护，推卸责任：玩完玩具，妈妈让他收拾，他说：“一会儿我还玩呢。”过了一会儿，妈妈再让他收拾，他就说：“我累了，想休息。”可是如果小朋友来家里玩，他就责怪人家玩完后不收拾玩具，妈妈说：“你是小主人，应该带头收拾。”他却说：“玩具是他玩的，应该他收，小朋友要自己的事情自己做。”东东仿佛什么道理都明白，但是什么都不愿意自己做，妈妈真是拿他没办法。

像东东这样习惯在别人身上找原因的现象，在其他孩子身上也普遍存在。这类问题在于孩子没有责任心，所以家庭教育关键是要培养孩子的责任心。

父母错误做法：把孩子该承担的责任都承担了

现实生活中，很多父母为了能让孩子活得轻松自在，健康快乐，不让孩子承担一点责任。大事、小事、一切事务都为孩子包办，一方面他们希望孩子能够节省出更多的时间去学习，另一方面也不想让孩子的心灵过早地承受生活的劳累。例如，很多孩子认为做饭、洗碗、洗衣服等都是父母的事情，从来没有意识到自己也该承担一份做家务的责任。

之所以会出现这种状况，就是因为平时生活中父母从来没有让孩子做过这些事情，时间久了，孩子理所当然地认为包括这些事情在内的很多事情他们都不应该承担责任。于是乎，很多孩子在家娇生惯养、吃喝玩乐、吆五喝六、蛮横霸道，他们根本就不知道什么是责任，更不用企盼他们会对自己的行为负责。

心理专家建议：言传身教，告诉孩子什么是责任

茨格拉夫人曾经说过：“必须教育孩子懂得他们不同的一举一动能产生不同的后果，那么随着时间的推移，孩子们一定会学得很有责任感的。”的确，责任心是孩子健全人格的基础，是能力发展的催化剂。作为家庭中的一名成员，孩子既应享受权利，也应承担一定的家庭责任。父母帮助孩子树立责任心，既是对自己负责，也是对孩子的将来负责，因为只有有责任心的人，才会主动承担自己该承担的，做自己该做的。如此，定会有所建树。

1. 培养孩子的责任意识

要想让孩子有责任心，首先要培养孩子的责任意识，只有孩子有了这种意识，才会主动去承担他应该承担的那一部分责任。意识决定一切，孩子如果没有这种责任意识，何来承担责任。

2. 给孩子留点行使责任的权利

现在的父母生怕孩子受一点苦，替孩子做了本应该孩子动手做的一切。有时候孩子会对父母说：“这个我自己能做。”父母却说：“你还小，不能做。”父母要给孩子行使责任的权利，有些该是孩子自己做的事，就应该让孩子自己去做，只有给孩子承担责任的权利，孩子才会意识到自己的责任所在。

3. 交给孩子一些责任

父母要善于交给孩子一些责任，当孩子还小的时候，父母可以交给他们一些小的责任，并让他们知道这是必须得做的。比如，让孩子做力所能及的家务，告诉孩子这就是他的责任，是必须完成的任务，否则就会受到惩罚。

第七章
人见人爱是教出来的

为人父母者，都希望自己的孩子人见人爱。但有时候，因为孩子不懂人际交往技巧，常常达不到人见人爱的效果。因此，在教育的过程中，父母一定要让孩子知错就改，懂得尊重和感恩，大方、坦然地与人交往。

一 踢猫效应：

让孩子学会调节自己的情绪

孩子情绪不稳定，常常会乱发脾气，这不仅对他们自身健康成长不利，还会影响到他身边的人。所以父母一定要帮助孩子学会调节自己的情绪。

某公司董事长为了重整公司一切事务，许诺自己将早到晚回。事出突然，有一次，他看报看得太入迷以至忘了时间，为了不迟到，他在公路上超速驾驶，结果被警察开了罚单，最后还是误了时间。这位董事长愤怒至极，回到办公室时，为了转移别人的注意，他将销售经理叫到办公室训斥一番。

销售经理挨训之后，气急败坏地走出董事长办公室，将秘书叫到自己的办公室并对他挑剔一番。秘书无缘无故被人挑剔，自然是一肚子气，就故意找接线员的茬。接线员无可奈何，垂头丧气何地回到家，对着自己的儿子大发雷霆。

儿子莫名其妙地被父亲痛斥之后，也很恼火，便将自己家里的猫狠狠地踢了一脚。猫无缘无故地挨了一脚，心里自然很不舒服，于是逃到大街上溜达，正好一辆卡车开过来，司机赶紧避让，却把路边的孩子撞伤了。

这就是心理学上著名的“踢猫效应”。它给我们的启示是，如果一个人的情绪变坏而又不能正确调节时，常常会形成一条清晰的愤怒传递锁链，给其他一些不必要的人带去困扰和伤害。因此说，调节自己的情绪不光对自身有益，还会减少别人的困扰。现实生活中，有很多孩子总是把自己的情绪发泄到别人身上，成为情绪的污染源，因此父母有必要教会孩子正确调节自己的情绪。

情绪不稳定导致孩子乱发脾气

经常听到父母这样说："现在的孩子，脾气真是越来越大了，稍不如意就又哭又闹，还摔东西……"的确，很多父母发现，现在的孩子特别难琢磨，情绪越来越不稳定。刚刚还"晴空万里"呢，可一会儿的工夫就"晴转多云"了，甚至还会"电闪雷鸣，暴雨倾盆"。其实，情绪的强烈和不稳定，是正处于发育期的少男少女普遍存在的现象，做父母的，关键是教会孩子如何调节、排遣自己的不良情绪，不要让孩子乱发脾气。

涵涵刚刚三岁，正在上幼儿园。有一天，因为在幼儿园和小朋友抢玩具，老师批评了她几句，她就又哭又闹。妈妈去接她的时候，她还是撅着嘴巴。妈妈把她从幼儿园接到家里之后，让涵涵自己看动画片，她去做晚饭。可是，刚过一小会儿，涵涵就跑到厨房，非要妈妈陪她一起看动画片。

妈妈告诉涵涵说："乖女儿，等我把饭做好了再来陪你玩好不好？你知道的，你爸爸上了一天班了，很辛苦，如果回家没有饭吃，会被饿坏的。"可是，不管妈妈怎么劝，涵涵就是不听话。最后，竟然又对妈妈大哭大闹起来。看着女儿满脸的泪花，妈妈心里很不是滋味。无奈之下，妈妈同意跟涵涵一起看动画片，等爸爸回来之后，再去做饭。

父母错误做法：纵容孩子的任性

很多家长都抱怨说自己的孩子情绪强烈，脾气大，稍不称心就会哭闹不止，乱发脾气，说好话不听，冷处理没有效果，打他吧不仅效果不大，自己心里也舍不得。其实，父母要想让孩子学会调节自己的情绪，不乱发脾气，最重要的一点就是找到孩子情绪不稳定、脾气恶劣的根源。

其实，很多孩子之所以情绪不稳定，与父母有很大的关系。原因之一就是在教育子女的过程中，很多父母总是纵容孩子的任性，不管孩子做错什么事情，提出什么要求，都一味地满足孩子。因此，如果孩子的目的不能达到，就会大发脾气，借此达到目的。

再者，生活中，很多父母自己的情绪也很不稳定，喜怒无常，动不动就把情绪写在脸上；稍有不顺心，就会对爱人、对父母、对孩子乱发脾气，有的时候还会摔东西，甚至会选择离家出走；父母自控力很差，不能控制自己情绪。如此一来，孩子耳濡目染，情绪不好的时候就不知道选择什么样的方式调节，只有通过乱发脾气来排遣了。

心理专家建议：正确处理孩子闹情绪

心理专家指出，情绪不稳定是个性偏执、意志薄弱和缺乏自我约束能力的表现。孩子如果不能够控制自己的情绪，会妨碍其心理健康和心理的正常发展。因为情绪不稳定会导致孩子无法正确认识和判断事物，而且会阻碍人与人之间正常的交往，也经不起生活的考验和挫折。这对孩子的健康成长极为不利，因此父母应该帮助孩子调节不良情绪。那么，父母应该怎么来做呢？

1. 适当引导

当孩子情绪爆发时不要理他，可以静静地看着他，等孩子情绪闹完、脾气发完之后，可以告诉他闹情绪自己的心情一点都不好受，而且闹情绪久了会很累，对身体也不好。然后再问孩子为什么闹情绪，并明确告诉他哪种情况下不可以闹情绪。尤其值得注意的是，孩子闹情绪的时候，父母不应该和他大吵大嚷，只有温和的父母才会教育出温文尔雅的孩子。

2. 转移注意力

转移注意力，也是常用的排遣情绪的方法。当父母发现孩子开始烦躁不安时，比如小小的抗拒、发牢骚，一定要抓住时机，先下手为强，在他哭叫之前采取行动，用他感兴趣的事情吸引他，比如引导孩子唱他喜欢的歌，给他讲喜欢的故事，拿出他最心爱的玩具等。

3. 适度的惩罚

当耐心教导无济于事时，对孩子进行适度的惩罚也是必要的，比如取消例行的散步或吃点心等，并告诉他处罚的原因。处罚完之后别忘了给他一个大大的拥抱或者甜蜜的吻，让他明白，处罚归处罚，爸爸妈妈还是爱他的。但父母要记住，一定不能实行极端手段。

4. 发挥榜样作用

父母在孩子面前要控制自己的情绪，不要喜怒无常影响孩子。常有这样的父母，自己高兴，就逗孩子笑，自己生气就冲孩子发火，甚至拿孩子当出气筒，惹得孩子大哭。在孩子哭闹时，父母也要表现得泰然自若。情绪是易感染的，成人经常保持稳定的情绪，孩子自然也会受其熏陶。

5. 给孩子建立必要的生活常规

要帮助孩子安排一个安全、孩子乐意接受的生活常规，并考虑活动内容动静交替、生动活泼和多样化，用丰富有趣的生活内容吸引孩子，使孩子乐于按时进行每项活动。注意不要轻易破坏常规，这样孩子就知道什么时间做什么事，而不能为所欲为，想干什么就干什么。孩子生活有规律，较易保持稳定的情绪。

二 比林定律：教孩子学会说“不”

与人交往时，有很多孩子不懂得如何拒绝别人，不会说“不”，这给他们的生活带来沉重的负担。因此父母应该教会孩子说“不”。

人际交往中，常常会听到有人说：平生最怕的事情就是拒绝别人。实际上，这是很多人的普遍心理。的确，包括一些处世高手在内，在如何拒绝别人这件事情上，都是很费脑筋的。很多人常常是出于爱面子和怕得罪人的心理，在别人提出一些要求或者请求帮助的时候，即使自己很忙、或者力有不逮，也往往要勉为其力，那个“不”字就是很难说出口。

结果呢，常常会使自己陷入“被逼无奈”的窘境之中，更重要的是，计划和安排还常常被打乱，使自己的工作和生活陷入被动。长此以往，正常的人际交往与互动就会沦为一种负担，丝毫没有快乐可言。

美国幽默学家曾经就此提出了这么一个观点：人的一生中，所遭遇的麻烦有一半是由于太快说“是”，太慢说“不”造成的。

这就是著名的“比林定律”。它给我们的启示是：人际交往中，该拒绝别人的时候就应该学会拒绝别人；要敢于说“不”，这样生活将会美好得多。其实，不光是成人，很多孩子也不会说“不”，这使得他们幼小的年龄就觉得生活很沉重。因此，作为父母，一定要让孩子在适当的时机说“不”，这样孩子的快乐才会更加多一些。

让孩子懂得拒绝别人

生活中，有一类孩子是很多人都喜欢的，他们事事顺从、听话，让干什么就干什么。其实，事事顺从、听话，不见得好，因为这类孩子在遇到别人不正确的要求时，很难说“不”。因为一直以来，他们都顺从听话，习惯成自然，他们会变得不懂得如何拒绝别人，不会说“不”。

例如，有的孩子在学校里是班里的“老好人”，因为别人让他帮忙做值日时，他不会拒绝；别人让他帮忙写作业时，他不敢说“不”；别人求他帮忙作弊时，他也会配合……这样的孩子，其实生活得很辛苦。因为很多事情并不是他们乐意做的，但正因为不会拒绝别人，所以他们都做了。不能按照自己的意愿做事情，对每个人来讲都是一件非常痛苦的事情。

胜辉读高中的时候，父母每个月给他300块钱作为生活费。按照常理来说，这应该是绰绰有余的了，可是对于胜辉来说却远远不够。那个时候，同学们会经常一起外出吃饭，每当有同学喊他一起吃饭的时候，其实他是很不愿意去的，但是为了不扫大家的兴，他还是会跟着出去吃饭。这就意味着，他每个月也必须拿出一部分钱来请同学吃饭。

还有，每次当同学邀请他参加生日派对时，他总是不好意思说“不”，而是面带笑意但内心却非常矛盾地说：“好的，我非常乐意！”哪怕这意味着明天的午餐又不知道如何去应付？

元旦或者教师节的时候，他知道有些同学和老师根本就用不着去送礼物，因为几乎就不认识。可是当同学们邀请他一起给某个同学或者某个老师送礼物的时候，他还是很“潇洒”地和同学一起去学校附近的精品店里选购……

为此，胜辉十分苦恼，但是又不知道该怎么办才好，只有从饭费里省。结果呢，营养跟不上去，学习压力又十分大，再加上他为不懂得如何拒绝别人而苦恼。最后竟然患上了神经衰弱。

父母错误做法：父母的懦弱导致孩子的懦弱

今日的独生子女常被人称作“小皇帝”或“小公主”，以己为中心，很少顾及他人的利益。但这样的小皇帝、小公主通常懦弱无比，离开了“宫殿”和“守护”，便不知道该如何自卫，处处都要找“靠山”，或者委曲求全，从小就学会自我嘲解。因为在家庭教育中，父母没有给予孩子应有的自主权和说“不”的权利。

这是因为，很多父母在现实生活中，难免会遭遇一些委屈和误会，有时为了权益之计，不惜忍气吞声；或者是因为害怕得罪人，他们就不忍拒绝别人的请求。结果就表现得比较懦弱。在这种环境之下，孩子就不敢发泄自己心中的怒气，不敢向伤害自己情感的势力提出抗议，不会击退不公平的待遇，而是将一股股怨气埋入心中。这样的孩子在成人之后，必将有一颗扭曲的心。多会自怨自艾，终身不知如何抗争。

心理专家建议：教会孩子行使说“不”的权利

生活中，并不是每个人的能力都是一样的。所以，要根据自己的实际情况来决定怎样对待别人提出的请求。如果自己能力不及，为了不丢面子而硬要“打肿脸充胖子”，并为此不拒绝别人的请求，不仅会使自己身心疲惫，还会影响别人的事情；如果他人的请求影响到自己的利益，这个时候更应该为了保护自己的利益说“不”。但是现实生活中的很多孩子并不能做到这一点，因此父母应该教会孩子行使自己说“不”的权利。

1. 谦让不等于懦弱

在中国的家庭教育中，很多父母向来重视“知书达理”、“谦虚忍让”。的确，谦让一向是受人称赞的美德，这种品质应当发扬，但谦让不同于懦弱。因此，在培养孩子成为彬彬有礼的小绅士的同时，应注意扶植孩子应有的自我保护能力，使他们面对不公平时敢于勇敢地争取应得的利益，对任何不合理的要求能够断然拒绝。

2. 启发孩子学会据理力争

当孩子在学校受了委屈，或受了什么不公平待遇，回来向家长倾诉时，家长不应只是安慰或附和，更不要急于自己出面解决问题，而是应当启发孩子学会适当表达自己的感受，“据理力争”，不要等到回家后再向父母吐苦水。例如，如果有同学让孩子做孩子本不该做的事情，就要让孩子学会直言拒绝，例如“对不起，这不是我应该做的事情”，“你没有权利指使我做这些事”……

3. 营造民主的家庭氛围

父母在家庭里也要努力营造出民主的气氛，不要一味将自己的意愿强加在孩子身上，要给孩子表达的自由和拒绝的权利，也只有如此，才不会让灰暗的情感埋进内心深处，在里面“发酵”、变质，制造出古怪的性情来。因为，很多孩子之所以不会拒绝，多是因为被父母压迫、强制惯了。

三 沉没成本：让孩子明白放弃是勇气更是智慧

人生会面临很多选择，很多孩子在这些选择面前常常会犹豫不决，不知道应该选择哪个，以致延误了做事时机。因此，父母要让孩子学会放弃。

在经济学和商业决策制订过程中会用到“沉没成本”的概念，代指已经付出且不可收回的成本。举例来说，如果你预订了一张电影票，已经付了票款且假设不能退票。此时你付的价钱已经不能收回，就算你不看电影钱也收不回来，电影票的价钱算作你的沉没成本。

但是看电影的时候，通常会遇到以下两种结果：

付钱后发觉电影不好看，但忍受着看完；

付钱后发觉电影不好看，退场去做别的事情。

两种情况下你都已经付钱，所以应该不考虑这件事情。如果你后悔买票了，那么你当前的决定应该是基于你是否想继续看这部电影，而不是你为这部电影付了多少钱。此时的决定不应该考虑到买票的事，而应该以看免费电影的心态来做判断。经济学家们往往建议选择后者，这样你只是花了点冤枉钱，而选择前者你还要继续受冤枉罪。

“沉没成本”给了我们这样一个启示：该放弃一些事情的时候，就应该学会放弃，否则还会浪费更多的时间和精力在里面。但是，在现实生活中，很多父母发现，自己的孩子并不懂得去放弃一些丝毫没有意义的事情。结果呢，或错过了做其他事情的时机，或浪费了做其他事情的时间。因此，父母应该教会孩子学会放弃，因为这样才会有更大的收获。

不肯放弃反而成为孩子的负担

在生活中，人们对很多事物都是持占有的心态，都想据为己有，甚至不惜花费很多时间、精力和情感在里面。但是，生命不只是应该学会占有，更应该学会放弃。父母在教育孩子的过程中，让孩子学会放弃也是很重要的，因为这样才会给生命腾出更多的空间，节省一些精力和情感去做其他的事情。比如在如何统筹时间，如何合理安排自己的课业等方面，是很有帮助的。如果孩子总是把一切都包揽，不懂得放弃，就容易钻进牛角尖，增加自身的负担。

大伟是个很听话、很用功的孩子，父母也经常教育他要学会给自己制订任务，“今日事，今日毕”，不能半途而废，不能偷懒、松懈等。大伟很懂事，对自己的要求也很严，因此，在学习上一直是班里的尖子生。家长和老师也都感到很欣慰。但是，自从上了初三以后，大伟总是和妈妈提起，说自己经常头疼，妈妈心想，可能是他每天熬夜学习很累，于是就让他每天早点睡觉，多休息休息就好了。但是大伟一想到自己还没有完成的计划，就无法安然入眠，有时候半夜起来，还会打开灯去看书或者做作业。而这些其实很大一部分并不是老师布置的，而是他自己给自己定的任务。因为要面临中考，他渴望自己能够考出一个好成绩，能够去上自己梦寐以求的市一中，所以希望自己多做些努力。

在平时的复习中，大伟对每一个问题都很在意，有时候遇到一些比较难的题目，他总是会花很长时间去思考，即使还有其他的事情，他也会轻易忘记，不管不顾。等解决了这一问题之后，再花时间做其他事情。结果在中考前的几次模拟考试中，大伟的成绩一直不是很理想，有时候分数会很低，甚至有很多题目都没有时间做。原因就在于他不懂得放弃，遇到一道难题，即使不会，也要花很长时间在上面，而不懂得跳过它，去做后面简单的问题，以求把该得的分数都拿到。为此，老师和家长也都很担心，在这样关键的时刻，大伟的这种心理强迫倾向如果得不到缓解，会很严重影响他在中考中的发挥。

父母错误做法：注重善始善终，而忽略了统筹规划，有取有舍

父母教育孩子做事情要善始善终，不半途而废，这本身没有什么错。但是如果太注重这样的一个结果，则可能对孩子造成错误的引导。毕竟，做事

情还是要注意统筹规划的，有取有舍的，选择最有价值的、最重要的事情先做，放弃那些不必要的，没有价值的事情，这是很必要的，这样才能优化配置，节省更多的时间和精力，提高办事的效率。

如果过分地强调一时一事的价值和结果，则可能钻进牛角尖，不能统观整体，不懂得取舍，结果犹犹豫豫、错失机会，犯下因小失大的错误，使孩子白白花费那么多的时间和精力，结果却丢弃了更有价值的事情，使自己遭受损失。

心理专家建议：权衡利弊，不因不必要的事情浪费时间

教育专家建议父母要在日常生活中，锻炼孩子统筹全局，学会舍弃，合理安排时间的能力，同时要善于辨别哪些事情更有意义和价值，哪些方面对全局的意义更大。这些能力可以从一些生活琐事和游戏中获得。父母切不可过于机械地要求孩子总把注意力集中在某一件事情上，这样很容易导致孩子难以顾全全局，最终走进死胡同，失去判断力。

1. 借鉴生活小事，教孩子学会取舍

越是生活中常见的小事，越能对孩子产生教育和锻炼的作用。父母应该留意这些事情，借此让孩子学会取舍。例如，让孩子同时去买几样东西，帮他分析先去买什么，后去买什么，走哪条路线更合理，更省时间，让孩子通过实践，懂得追求更高的效率，并在几个选项中做出合理的取舍。

2. 通过游戏，教孩子学会权衡利弊

游戏是锻炼孩子各方面能力的有效方法。寓教于乐，通过有针对性地游戏，父母可以有目标地锻炼孩子某方面的能力，如：如何在比较中判断事物的价值，如何从整体上权衡事物的利弊，从而做出合理的选择，帮助孩子提高这方面的能力，并运用到具体的生活实践中去。

3. 讲究做事策略，帮孩子果断做出判断

父母的人生经历和经验是教育孩子的重要素材，而且很具说服力。在做事情的策略方面，父母应该借鉴自己的亲身经历，把自己处事的经验和智慧教给孩子，让孩子在面临类似的情况时，有方法可循，增强处理事情的能力。

四 特里法则：

教导孩子敢于承认并改正错误

因为种种原因，很多孩子犯错之后，拒绝承认和改正。这对他们的成长是极为不利的，因此父母应该教导孩子敢于承认并改正错误。

有一次母亲带着列宁到姑妈家做客。小列宁把姑妈家的一只花瓶打碎了。于是，姑妈问孩子们："是谁打碎了花瓶？"小列宁因为害怕受姑妈批评，便跟着其他孩子一起说："不是我！"然而，母亲猜到花瓶是小列宁打碎的，因为这孩子特别淘气，在家里经常发生类似的事情。

但是，小列宁向来是主动承认错误，从未撒过谎。她装出相信儿子的样子，一直没有提起这件事，而是给儿子讲诚实守信的故事，等待儿子能主动承认。有一天，小列宁突然在妈妈讲故事时失声大哭起来，痛苦地告诉妈妈："我欺骗了姑妈，我说不是我打碎了花瓶，其实是我干的。"

听了孩子羞愧难过的述说，妈妈耐心地安慰他，告诉他只要向姑妈写信承认错误，姑妈就会原谅他。于是，小列宁马上起床，在妈妈的帮助下，向姑妈写信承认了错误。

相信很多父母都给孩子讲过这个故事，在生活中，谁都难免会犯错误，重要的是知错就改，吸取教训，以后不再犯类似的错误。美国田纳西银行前总经理L·特里曾经提出这么一个观点：承认错误是一个人最大的力量源泉。在心理学上，被称为"特里定律"。家庭教育中，孩子犯错是极为常见的一种现象，作为父母不应该纵容孩子的错误，而应该教导孩子勇于承认并改正错误。

任何改正都是进步

达尔文曾经说过："任何改正都是进步。"歌德也说过："最大的幸福在于我们的缺点得到纠正和我们的错误得到补救。"正是因为勇于承认失败和错误，才能在以后的生活中少犯错误。只有敢于承认错误，汲取教训，才能以崭新的面貌去迎接更加激烈的竞争和挑战！因此，在家庭教育中，父母应该教导孩子知错就改，勇于承认自己的过失和错误，这样才会使孩子进步的更快。

五岁的天天又在玩爸爸给他买的飞机了，一不小心撞翻了妈妈的化妆瓶。只听见"当啷"一声，化妆瓶掉在了地上，摔碎了。妈妈正在卫生间洗衣服，听到响声，急忙问天天，是不是砸碎什么东西了。天天摇摇头说没有。

可是，等妈妈洗完衣服，走到卧室时，立马就看到了地上打碎的化妆瓶。可再看天天，他仍然像没事人似的在屋子里玩他的飞机模型。妈妈知道，这一定是天天做的。于是就问他说："化妆瓶是不是你打碎的？""不是的。"天天脸都不红一下。妈妈连着问了天天好几遍，天天都说不是自己干的。

"宝贝，放心，妈妈今天不打你。你说化妆瓶是不是你打碎的？"天天还是不承认。这时，妈妈非常生气，抓着天天的胳膊说："你今天不把事情说清楚，就别想玩飞机了。"

父母错误做法：对孩子惩罚过严

上述情景相信在大多数家庭里都发生过，可是孩子为什么不肯承认错误，并加以改正呢？其实，孩子不认错，是有原因的，其中不乏父母的过错。

1. 不相信孩子没有犯错

有很多父母看见孩子犯错了，会加以斥责，甚至不给孩子解释的机会。例如看见两个孩子打架，父母会立即制止，但有的父母不听孩子的解释就会要求自己的孩子向别的孩子道歉。但事实可能是自己的孩子根本没有错，这样孩子自然会不服，因此也就会拒绝承认错误，拒绝改"错"。

2. 对孩子惩罚过严

很多孩子犯错之后，例如打碎了东西或者欺负了别的孩子，父母会很生气，进而会责备、训斥，甚至还有可能会对孩子进行体罚。在这样的情况下，很多孩子犯错之后，为避免遭到父母的惩罚，就拒绝承认错误。

3. 父母自己不承认错误

很多父母觉得自己在孩子面前有权威，很多时候他们为了自己的面子，尤其是犯了某个错误的时候，不肯向孩子认错。例如当弄坏孩子的玩具的时候，很多父母会选择重新给孩子买新的，但却不乐意向孩子承认错误。在父母的影响之下，孩子也学会了不认错。

心理专家建议：正确对待孩子的错误行为

生活中，有很多孩子在做错事情之后常常不知道错在哪里；或者是犯了错还蛮不讲理；或者经常为自己的错误找借口；或者答应改正，但却没有什么实际的行动，改正成了一个脱身法……相信很多父母都为这些问题所困扰。教育专家卡尔．威特给父母提供了以下几条建议：

1. 让孩子知道自己错在哪里

孩子之所以不认错，很可能是因为不知道自己错在哪里。事实上，很多孩子还没有是非概念，他们不知道生活中什么是对的，什么是错的。因此，当孩子犯了错误的时候，父母首先需要做的是耐心地告诉孩子，他为什么做错了，又错在哪里？孩子只有知道自己错在哪里了，才会加以改正。

2. 给孩子一个解释的机会

很多孩子犯错是有原因的，这个时候，父母就应该给孩子一个解释的机会。例如孩子不小心把杯子打破了，他可能是想帮爸爸倒杯水，结果一不小心就犯了个错误。这个时候，父母应该先表扬孩子的孝心，然后指出用玻璃杯子倒水应该注意点什么，如此一来，孩子再做类似的事情时，一定会小心。

3. 及时纠正孩子的错误

当孩子做错事时，父母应及时地给予教育并纠正，让孩子知道错误是可以补救的，只要改正了，仍然是个好孩子。父母千万不要在孩子做错事后，一味地批评、指责孩子，这样易导致孩子产生逆反心理。对知道改正但又频繁犯错的孩子，家长不仅要注意孩子的言语道歉，更要关注孩子改正错误的行为过程。

4. 用宽容的态度对待孩子的错误

孩子不愿承认错误的一个主要原因是，当他们犯错之后，父母对他们的惩罚过于严厉。领教过父母严厉教训的孩子，在犯错误之后第一个念头就是父母会不会惩罚我。想到可能受到的惩罚，孩子就拒绝承认错误。因此，父母最好能够宽容地对待孩子的错误，对孩子动之以情，晓之以理。

5. 父母应该勇于知错就改

传统的家庭观念认为父母向孩子道歉，会丧失自己的威严，所以，不少父母仍然坚持即使自己做错了也不向孩子认错。研究显示，父母向孩子认错，不仅可以使家庭关系变得融洽，而且可以用现身说法让孩子明白每个人都会有犯错的时候，认错不是一件丢脸的事情。这样反而会赢得孩子的尊敬。

五 首因效应：让孩子给别人留下良好的第一印象

良好的第一印象是架起交际桥梁的基石，在人际交往中往往起着决定性的作用。因此，父母一定要教会孩子给别人留下良好的第一印象。

1957年，美国心理学家洛钦斯对“首因效应”的效果进行了研究。他设计了四篇不同的小短文，但四篇短文中描写的都是一个叫做杰姆的人。在第一篇文章里，他从始至尾都把杰姆描述成一个开朗而且友好的人；第二篇文章的前半部分，作者把他描述得开朗友好，但是后半部分揭示了他孤僻和不友好的一面；第三篇文章的描述顺序和第二篇恰恰相反；第四篇文章当中，洛钦斯花费了整个篇幅描述了杰姆孤僻且不友好。

之后，洛钦斯请四个组的被试者分别读这四篇小短文，然后通过一个测量表评估杰姆这个人到底是友好还是不友好。结果表明，文章内容的前后安排是至关重要的。文章中开朗友好在先，有78%的读者将杰姆评估为友好者；而文章中孤僻不友好在先，则有只18%的读者将杰姆评估为友好者。从实验中不难发现，“首因效应”产生的作用是极为明显的。

心理学家研究发现，在人际交往中，影响最大的就是“首因效应”。所谓首“首因效应”，《心理学新词典》中这样解释：“在人际交往过程中，最初形成的印象起着重要的影响作用，亦即‘先入为主’带来的效果。虽然这些第一印象并非总是正确的，但却是最鲜明，最牢固的，并决定着以后双方交往的进程。”的确，第一印象是人们长远交往的基础，是彼此之间相互信任的基石。因此，父母如果想让孩子的人际交往有一个成功的开始，就要让孩子懂得一定要给别人留下良好的第一印象。

良好的第一印象是奠定成功的基础

当我们接触一个人之后，常常会给他一些评语：“这个人素质高，有风度”；“这个人有教养，谈吐文雅”；“这个人太差劲，连句客气话都不会说”；“这个人俗不可耐，满嘴脏话”；“这个人太邋遢，衣服皱皱巴巴，连脸也没洗干净”……

的确，与人初次见面时，仪表、谈吐、礼节、态度等就形成了第一印象，别人常常会通过第一印象来打量我们；而我们也常常在看一个素不相识的人第一眼之后就在心里判断他的品位、能力和性格等。据心理学家统计发现，一个人留给别人的第一印象以后很难再改变。为人父母者，都希望自己的孩子能够在人际交往中游刃有余，都希望孩子在与人见第一面时就能够把事情办成功……其实，这也不是什么难事，其秘诀就是让孩子给别人留下良好的第一印象。

小的时候，帅帅是一个比较调皮的孩子。爸爸妈妈走亲访友，如果把他带上，他定会在朋友家“野”起来：上蹿下跳，大喊大叫，还不断地向别人展示自己的“拳脚功夫”，硬拉着爸爸妈妈的朋友与自己格斗，不管父母说什么，他都好像没有听见一样。因为是在朋友家里，爸爸妈妈又不好训斥帅帅，朋友们更是不好意思批评，还一个劲儿地夸孩子活泼可爱。其实，朋友的内心都觉得帅帅是一个特别淘气、不懂礼貌的孩子。以致多年以后，帅帅早已不是小时候的样子了，他变得温文尔雅，但爸爸妈妈的朋友提起他总是说：“帅帅啊，那个孩子从小就很淘气的，现在肯定更淘了。”

父母错误做法：不注重对孩子文明礼仪的培养

一个素质高有教养的人，必是一个有着良好的文明礼仪的人。从心理学角度出发，被众人接纳的程度高，有利于建立和谐的人际关系，因此父母应该重视孩子这方面的培养。然而现实生活中，一些父母认为，现代社会讲个人自由，懂不懂文明礼仪没关系，只要学习好、有真本事就行了。的确，现代社会尊重个人的选择，自由度大了，然而对人的文明礼仪要求更高，因为文明礼仪是社会文明程度的重要标志，而且，任何一个成功人士都是一个懂文明礼仪的人。

还有一些父母认为，小孩子天真无邪，想怎样就怎样，长大了就懂得文明礼仪了，这也是误解。一方面，孩子从小不养成好习惯，就必然形成坏习惯，坏习惯形成了，再改就很难。想一想，现在有些孩子说话没大没小，家里来客人不懂礼貌，饭桌上挑挑拣拣旁若无人，浑身汗味不洗，指甲长了不剪……这些孩子如果不教育、不矫正，会在某一天早上突然变个样吗？另一方面，在孩子小的时候培养文明礼仪习惯，与孩子天真无邪的表现并不矛盾，越是懂礼仪的孩子，越能获得自由发展的广阔天地，因为他是受人们欢迎的人。

心理专家建议：让孩子从外表到内心修饰自己

与人交往，你一定要注意教导孩子修饰自己，从外表到内心，都应该给人一种愉悦的感觉，让他们愿意和你的孩子交往。的确，一个人的第一印象往往会给对方留下很深的烙印，如果你在第一次交往中给别人留下了一个好印象，别人就乐意跟你进行第二次交往，甚至以后的多次交往；反之，如果在第一次交际中表现不佳或者很糟糕，则常常会造成难以挽回的局面。因此，请务必让你的孩子在第一次跟人打交道时留下一个良好的“第一印象”。那么，父母如何才能让孩子给别人留下良好的第一印象呢？

1. 让孩子放松紧张的情绪

与陌生人见面，一定要让孩子放松紧张的情绪。与人初次见面时，不管遇到什么样的场合，都一定要让孩子保持镇静，这点可以通过微笑或者幽默来达到效果，千万不要让孩子时时刻刻都板着一张脸，永远显出一副苦闷的样子。

2. 让孩子展示自己的优点

第一次与人见面的时候，要让孩子尽量展示他的优点，发挥他的长处，这样孩子就会消除紧张，显示自信。别人也因此会喜欢与他在一起。

3．不同的场合要有不同的表现

与人交往，并非总是在相同的场合。不同的场合就应该让孩子做出不同的表现，当然，这种不同是在保持言行一致的情况下因时因地而做出的变化。例如喜庆的场合可让孩子表现得活泼一些，而庄重的场合则应该让孩子保持严肃。

4．让孩子学会用眼神与人交流

不管与什么样的人、与多少人讲话，一定要让孩子记住偶尔用眼睛与对方交流。不要让孩子避开别人的目光，这样不但会觉得手足无措，还会让别人觉得很“小气”。相反，如果孩子微笑着用目光照顾到所有的人，常常会使他觉得轻松。

5．注意修饰外表

要想给别人留下良好的第一印象，外表是至关重要的。为此，一定要注意让孩子衣着整洁大方，打扮得体；最好不要给孩子化妆，此外还应该注意一些细节问题，如孩子的衣服与年龄相符等。

六 互惠关系定律：让孩子学会尊重别人

你给予了别人足够的尊重和帮助，别人也会以同样的真诚和善良回报你。因此，人际交往中，父母一定要让孩子懂得尊重别人。

一个贫穷的小男孩为了攒够学费正挨家挨户地推销商品。因为没钱买东西吃，他决定在下一户人家讨口饭吃。当一位美丽的女孩打开房门的时候，小男孩却有点不知所措，只乞求给他一口水喝。

女孩看到他饥饿的样子，就拿了一大杯牛奶给他。男孩喝完牛奶，问道："我该付多少钱？"女孩回答道："一分钱也不用付。妈妈教导我们，施以爱心，不图回报。"男孩说："那就请接受我由衷的感谢吧！"

数年之后，那位美丽的女孩得了一种罕见的重病。当年的小男孩已是大名鼎鼎的霍华得·凯利医生了，他参与了医治方案的制订。当看到病历上所写的病人来历时，他一眼就认出病人是曾帮助过他的恩人。经过艰辛努力，手术获得了成功。

当医药费通知单送到女孩的手中时，她不敢看，因为她确信，医疗费将会花去她的全部家当。但当她鼓起勇气翻开时，不禁惊讶地读了出来："医药费——一杯牛奶。霍华得·凯利医生。"

"爱出者爱返，福往者福来"。在社会交往中，有这样一个心理原则，叫做"互惠关系定律"。其意思就是如果你给予别人足够的帮助和尊重，别人也会以同样的真诚和善良回报你。笛卡儿曾经说过："尊重别人，才能让人尊敬。"相信每个父母都希望自己的孩子能够得到别人的帮助和尊重，那么作为父母首先就应该教会孩子尊重他人。

敬人者，人恒敬之

敬人者，人恒敬之。从心理学的角度来讲，这是“互惠关系定律”的一种体现。你尊重了别人，别人也会以同样的尊重回报你。人际交往中，尊重别人是最基本的原则。正如同你希望交到真心的朋友，就先要对朋友真心，朋友才会对你真心一样。社交中，你希望别人怎么来对待你，就先要学会怎么去对待别人。以心换心，将心比心，付出你该付出的，才能得到你想要得到的。因此，如果父母想要孩子有一个良好的人际交往环境，想让孩子得到别人的尊重，首先应该教导孩子学会尊重别人。

不久前，妈妈带小小去参加一个朋友的聚会。整个下午，6岁的小小让妈妈非常费心，而且非常尴尬。因为，当妈妈和朋友们聊天的时候，小小不断地嚷着要喝橘子汁，妈妈正忙于和朋友谈论事情，于是叫她稍等一会儿。但是小小一分钟也不等，还大哭大叫起来。妈妈轻声制止她的无理乱叫，她却叫喊着要妈妈“闭嘴”。

更可气的是，当朋友把橘子汁递给小小的时候，她却连“谢谢”都不说一声，妈妈让她谢谢阿姨，她嘴一撅，把头扭向了一边。弄得妈妈和朋友都非常尴尬。小小的妈妈不知道，女儿什么时候变得这么不懂礼貌，这么不尊重人了。

父母错误做法：不懂得尊重别人

现实生活中，有很多父母总是埋怨自己的孩子不知道尊重别人，见了自己的朋友不知道问好，喜欢叫别人外号，见到残疾人会上前围观，见到别人陷入困境会加以嘲笑，看到别人倒霉会幸灾乐祸……父母们不明白，为什么孩子对别人连最起码的尊重都没有了。事实上，孩子不懂得尊重别人，与父母有着很大的关系。

很多父母在人际交往中不懂得尊重别人，例如，他们出门坐三轮车，总是不喊“师傅”，喊“蹬三轮的”，叫“邮递员”是“送信的”；出门在外，得到别人帮助也不知道说“谢谢”；走在环卫工人刚刚扫过的路上，随手就扔垃圾……结果呢，孩子耳濡目染，在父母的影响下也学会了不尊重别人。

心理专家建议：给孩子树立尊重别人的榜样

一个不尊重别人的人，是绝不会得到别人尊重的。人际交往中，自己待人的态度往往决定了别人对自己的态度；就像一个人站在镜子前，你笑时，镜子里的人也笑；你皱眉，镜子里的人也皱眉；你对着镜子大喊大叫，镜子里的人也冲你大喊大叫。所以，要想使孩子获取他人的好感和尊重，首先就应该让孩子学会尊重他人。那么，父母该如何让孩子学会尊重他人呢？

1．文明用语

人际交往中，应该让孩子经常使用一些文明用语，如“您好”、“对不起”、“没关系”、“谢谢”等。这不仅反应了孩子对别人的尊重，也表现了孩子的坦诚，很容易取得别人的信任。

2．学会欣赏他人

人际交往中，应该让孩子学会欣赏他人的貌美、体健、声清、骨秀、学厚、文博……总之，一定要引导孩子发现他人身上的优点。而学会了欣赏他人，也就在一定程度上代表着对他人的尊重。

3．父母要成为榜样

英国著名教育家斯宾塞说过：“野蛮产生野蛮，仁爱产生仁爱。”父母本身的态度，对孩子的影响十分重要。父母身体力行地尊重别人，替别人设想，孩子看在眼里，自然会学习。

4．尊重孩子

要求孩子学会尊重，大人首先要尊重孩子，对孩子的尊重应在日常生活中随处可见。例如让孩子帮助做什么事时要说：“请你……”而不要说生硬的命令句。如果孩子做完了某件事，说声“谢谢”。有什么事，家长也要与孩子商量。例如，父亲想调一个电视频道，最好先与孩子商量：“我们调个频道看看好吗？”

5. 让孩子设身处地

孩子出现不尊重别人的行为，有时是因为想看热闹、好奇，有时是想开个玩笑，有时则是盲目地模仿别人的行为，他们并不理解这样做的后果。让孩子明白，发生在别人身上的情况，也有可能发生在自己身上，如果真的发生在自己身上，自己又会有何感受？让他设身处地地体会到不受别人尊重的感受。

七 社交恐惧：

让孩子学会坦然与人交往

现代社会，人与人之间的交往越来越密切，孩子必须学会与他人共同生活、学习和工作。因此，父母一定要提防孩子患上社交恐惧症。

社交恐惧症，又名社交焦虑症，是恐惧症中最常见的一种，约占恐惧症病人的一半左右。社交恐惧症是一种对任何社交或公开场合感到强烈恐惧或忧虑的精神疾病。患者对于在陌生人面前或可能被别人仔细观察的社交或表演场合，有一种显著且持久的恐惧，害怕自己的行为或紧张的表现会引起羞辱或难堪。有些患者对参加聚会、打电话、到商店购物或询问权威人士都感到困难。

通常来说，一般人对参加聚会或其他会暴露在公共场合的事情都会感到轻微紧张，但这并不会影响到他们出席。真正的社交恐惧症会导致无法承受的恐惧，严重的案例里，患者甚至会长时间地把自己关在家里孤立自己。

社交恐惧症患者总是处于焦虑状态。他们害怕自己在别人面前出洋相，害怕被别人观察。与人交往，甚至在公共场所出现，对他们来说都是一件极其恐怖的任务。社交恐惧症是神经症的一种。在美国最多的心理障碍疾病中，患社交恐惧症的人数仅次于抑郁症、酗酒而名列第三，我国目前患病人数也在激增。

生活中，难免要和各种各样的人打交道，如果害怕与人交往，对自己的生活和事业都会产生很多负面影响。因此，在教育孩子的过程中，父母一定要提防孩子患上社交恐惧症。

社交恐惧，让孩子无法正常生活

社交是生活中人们不可缺少的一项活动，但有的孩子害怕见生人，甚至和熟人讲话时也会表现出紧张，不愿到人多热闹的场合去。有时还会口齿不清、说话语无伦次、不敢抬头看人。严重时，在与人交往时会出现惶恐不安、出汗、心跳加快、手足无措等现象。这些孩子常常被某些家长误认为老实、听话、不淘气。其实，这些孩子的心理出现了一定的问题，是孩子自卑的外在表现。

有一个男孩，曾代表学校参加省里的数学竞赛得了一等奖，在学校里他也算是知名人士。但是他平时话语很少，几乎没有什么朋友，极少和别人讲话，也不参加任何集体活动。

有一次，学校组织数学竞赛，要他发言。他看到台下那么多双眼睛看着自己，紧张得不知所措，说话语无伦次、不停地出汗。台下很多同学都表现出了对他的不满，他回过头来看到校长也是一脸失望的表情，于是更加说不出话来。散会后，他看到班主任被校长叫去办公室。班主任老师回来后叫他第二天把家长请到学校，他从小到大从来没有被请过家长，这次自尊心受到了极大的伤害。他感觉老师和同学都看不起自己。回到家里，爸爸和妈妈又把他狠批了一顿，说他没出息。

后来与人相处时，他总是担心出现尴尬的场面，而尽可能地逃避与人交往。他越来越不愿意去学校，他感觉老师和同学的目光很不友善。后来他无论见到谁都会害怕，甚至和陌生人走个照面，他也会紧张不安，完全无法正常生活和学习。

父母错误做法：父母对孩子批评过多

这些孩子，生活中常受到父母的批评，有时只是因为一个小小过错而遭到父母过分严厉的训斥，甚至受体罚；有时则因为父母情绪不好而毫无道理地把火发泄到孩子身上。还有的家长，可能已经意识到孩子有自卑心理，但仍没有采取措施去帮助孩子调节。孩子在这种家庭里，心里便会产生惧怕心理，孩子甚至不能辨别该做什么，该说什么，什么是对的，什么是错的。

孩子大多数时间生活在恐惧和焦虑之中，他们从父母的行为中得出这样一个结论：自己很无能，总是做错事，是个一无是处的孩子。这类孩子长大后，可能会有程度不等的社交恐惧倾向，他们无法建立稳定的人际关系，会变得内向、孤独，人生观也变得消极、悲观，严重者会成为社交恐惧症患者。

心理专家建议：鼓励孩子勇敢参与到社交中去

卡耐基说过："一个成功者，专业知识所起的作用是15%，而交际能力却占85%。"人际关系的和谐，交往本领的高强，是未来社会判断成功者的重要标准。如果孩子患了社交恐惧症，会严重阻碍他们未来人生的发展。那么，父母如何才能防止孩子患上社交恐惧症呢？假如孩子不小心患上社交恐惧症，父母又该如何去帮助孩子进行调节呢？

1. 消除孩子的自卑

父母要让孩子全面、正确地认识自己，过于自尊和盲目自卑都没有好处。父母要告诉孩子，他并不比别人差，甚至还有很多优点是别人所不及的，所以，没有必要贬低自己，只要相信自己能行，那就无所不能，关键是要对自己有信心。

2. 改善孩子的性格

害怕社交的人多是较内向的人，父母应注意锻炼和改善孩子的性格。可以多鼓励孩子参加体育、文娱以及社会公益活动，让孩子尝试主动与同伴、陌生人交往，在交往过程中逐渐去掉羞怯、恐惧，使自己成为开朗、乐观、豁达的人。

3. 教孩子学习社交知识

尽管我们都知道人生活在世上社交意义重大，但有关社交的知识、技巧、艺术等却从没有教给孩子。所以父母应全面地教孩子学习有关社交的知识，让孩子真正明白道理，这对消除社交恐惧这一心病是有好处的。

4. 对孩子进行脱敏疗法

先用轻微较弱的刺激对孩子进行刺激，然后再逐渐增强，使孩子逐渐适应，在不知不觉中达到矫正行为失常的目的。父母可以引导孩子先与家人接触，再与亲戚朋友接触，最后与陌生人接触。一步一个脚印地引导脱敏，通过表扬、奖励，使这一结果得到巩固。

八 交往适度定律：让孩子懂得感恩

父母给孩子过多的爱，孩子往往会认为是理所当然，会对这种爱变得麻木不仁，不懂感恩。要想使孩子有一颗感恩的心，父母就应该给孩子适度的爱。

一般而言，在人际交往中，如果我们给别人某种好处，别人也会把同等程度的好处回报给我们。但是生活中我们也经常会遇到这种状况，你对某人很好，不管从哪个方面来说，都对得起他，然而他却不给你同等的回报，甚至把你对他的好当作理所当然。这就是心理学上所讲的“交往适度定律”。

那么，为什么会造成这种现象的出现呢？主要有三个原因：

1．过多的爱会使受惠的一方选择疏远

虽然人都有自私的本性，都希望得到的多、付出的少，但如果得到的远远大于付出的，也会让人心里失去平衡。受惠的一方会因此感到愧疚，这种心理负担使其只好选择疏远。

2．过多的爱会使对方感到麻木

你对别人适度的好，对方会感激你，也会回报你；如果你对对方过好，时间长了对方就麻木了，而你某一次达不到原来的标准，反而会引起对方的不满。

3．对方会误以为你很软弱

人际交往中，如果你对对方投入过多，会让对方误以为你很软弱，他会因此不怕你，对你肆无忌惮。

其实，教育孩子也是一样，如果你对孩子投入过多的爱，孩子往往会不懂得感恩，甚至会变成忘恩负义的人。这会给他的人际交往带来极为不利的影响。因此说，在教育孩子的过程中，父母要想使孩子拥有一颗感恩的心，就应该给孩子适度的爱。

过多的爱让孩子不懂感恩

曾听到一个孩子说：“我们家很好，我爸爸爱吃鱼尾，我妈妈爱吃鱼头，我爱吃鱼身子。”孩子根本没有意识到这是父母爱他的表现，也就更不知道感恩了。这样的孩子大多是自私的，他们不知道什么是感恩，也不知道什么是报答，而是认为父母为他们做的一切都是应该的，是理所当然的。

“鸦有反哺之义，羊有跪乳之恩”。而不知感恩的孩子，又怎么会有对父母的爱呢？如果连自己的父母都不爱，又怎么能爱他人、爱社会？而且，如果孩子不懂感恩，在人际交往中，就很难获得好人缘，即使他长得再漂亮，说话再好听，办事再有能力，人人也会对他敬而远之。

炎炎已经是小学三年级的学生了。星期天是炎炎妈妈的生日，一大早，爸爸就喊炎炎起床。此时的炎炎还在做美梦，听到爸爸说：“走，乖女儿，今天是你妈妈的生日，你快点起来，咱两个给你妈妈准备礼物去。”

炎炎睡得正香，被爸爸喊醒了很不乐意，气冲冲地对爸爸说：“没看我正在睡觉吗？妈妈生日管我屁事儿。”听完这句话后，爸爸的心都凉透了。他想到女儿过生日的时候，他们夫妻两个几乎跑遍了整个城，为她准备生日礼物，还会为她做上一大桌子好菜。即使在平时，他们也对女儿投入了全部的爱，舍不得让女儿受半点委屈。

而现在呢，女儿竟然说出“妈妈生日关我屁事儿”的话。同样，爸爸生日也不关她事儿了。爸爸越想越难过，他不明白，为什么自己的女儿对爸爸妈妈连一点感激之情都没有呢？

父母错误做法：对孩子倾注过多的爱

“冰冻三尺，非一日之寒”，孩子不懂得感恩，与父母的教育有很大的关系。现如今，在独生子女家庭中，孩子是“老大”，家长把孩子视为“掌中宝”、“手心肉”，一切都以孩子为中心。许多父母对孩子的爱过了头，变成了“溺爱”。他们认为这就是对孩子的爱，殊不知，久而久之，孩子形成了蛮横、任性、自私的性格。

很多孩子已经把尊重长者、孝敬父母的传统美德弃之脑后。吃过饭后，把碗筷一推就去看电视或打游戏，父母却在那里忙碌着洗碗擦桌子；孩子生病了，父母跑前跑后，体贴照顾，而父母生病，孩子却不闻不问，毫不在乎，认为所有的一切都是他们应该得到的，是天经地义的，稍不如意，就嚷着离家出走。我们的父母为了孩子费尽了力，操碎了心，为孩子倾注了全部的爱，可仍换不来孩子对自己的一丝理解、感恩之情，实在是可悲！

心理专家建议：父母可以无私，但不可让孩子自私

古语云：“滴水之恩，当涌泉相报。”感恩是做人的最基本的修养，父母必须对独生子女进行感恩教育，让孩子学会关爱，学会感恩，这将有利于孩子好品格的形成，使孩子一生受益无穷。感恩是一种处世哲学，是生活中的大智慧。而孩子如果懂得感恩，不仅仅会对父母报以感激，更懂得如何与周围的人相处，如何更好地处理好人际关系。那么，该如何培养孩子的感恩之心呢？

1. 感恩教育越早越好

苏联教育家苏霍姆林斯基曾说：“良好的情感是在童年时期形成的，如果童年蹉跎，失去的将无法弥补。”对幼儿进行感恩教育有利于培养幼儿的爱心和同情心。幼儿若常怀感恩之心，不仅能培养其与人为善、与人为乐、乐于助人的品德，促进其健康人格的形成，而且对其今后和谐人际关系的建立有着重要的作用。让幼儿学会感恩对其一生的发展很重要。

2. 让孩子知道父母的艰辛

现在的孩子不知道父母赚钱的辛苦。他们只知道向父母要钱、要吃、要穿，并认为这是应该的。这样的孩子怎么可能想到孝敬父母呢？所以，父母应该有意将自己工作的艰难和赚钱的辛苦告诉孩子，让孩子明白父母的钱是用心血和汗水交换来的，自然孩子就会不再乱花钱，也会从心底里感激和敬重父母。

3. 不要让孩子吃“独食”

吃“独食”的孩子，会觉得好东西都应该是他的，并习惯了被给予，只会索取，很难在以后的生活中考虑别人的感受，也就不会成为一个有爱心的人。因此，父母在教育孩子的时候，一定要教会孩子与别人分享自己的东西。

4. 父母要以身作则，孝敬长辈

父母对待长辈的态度往往会影响到孩子，如果父母孝敬长辈，那么孩子耳濡目染，也会孝敬自己的父母。所以，当父母的要多照顾年迈的老人，周末休息时常去老人那里看看，买些补品和衣物，如果工作忙，没有时间，就常给老人打个电话。

第八章

成长和成功，一样都不能少

培养孩子时，很多父母会犯一个错误，即过于追求孩子的成功，而忽视了孩子的成长。例如，很多父母把学习成绩作为衡量孩子一切的标准，如此，孩子的身心发展会受到严重损害。因此，对于孩子的成长和成功，父母不能厚此薄彼。

一 晕轮效应：分数不是一切

现实生活中，不重视孩子的分数是不现实的。但在孩子成长的过程中还有比分数更重要的事情，例如道德、人格等，因此父母不应把分数当作一切。

20世纪20年代，美国著名的心理学家爱德华·桑戴克提出了一个著名的观点。他认为，人们对人的认知和判断往往只从局部出发，扩散而得出整体印象，常常以偏概全。一个人如果被标明是好的，他就会被一种积极肯定的光环笼罩，并被赋予一切都好的品质；如果一个人被标明是坏的，他就被一种消极否定的光环所笼罩，并被认为具有各种坏品质。这就好像刮风天气前夜月亮周围出现的圆环（月晕），其实呢，圆环不过是月亮光的扩大化而已。

心理学家戴恩做过一个这样的实验。他让被试者看一些照片，照片上的人在具有魅力的程度上有所不同。然后让被试者在与魅力无关的特点方面评定这些人。结果表明，被试者对有魅力的人比对无魅力的赋予更多理想的人格特征，如和蔼、沉着，好交际等。

这种强烈知觉的品质或特点，就像月亮的光环一样，向周围弥漫、扩散，从而掩盖了其他品质或特点。据此，爱德华·桑戴克为这一心理现象起了一个恰如其分的名称“晕轮效应”，也称作“光环作用”。其实，在家庭教育中，很多父母往往把孩子的学习成绩当作衡量孩子一切的标准。孩子成绩好，就一切都好；孩子学习成绩不好，就一切都不好。

分数和孩子，哪个更重要

不可否认，分数自有不可低估的作用。通过考试，通过评分，可以检验一个孩子的阶段学习情况，这确实是一个衡量学业的重要标准，但并不是唯一的标准。分数高，不一定说明知识掌握得全面、牢固，因为考试不可能涉及没有学过的知识；分数低，也不一定说明这个孩子已无可救药，因为失误对于任何人都是难免的。考试只能是检验老师教与孩子学的一种手段，其真正目的是促进孩子更努力地学习知识，掌握本领。但父母如果一味地强调孩子的分数，则会给孩子带来很大的心理压力。

一个十四岁的女孩，在市里某中学读初中二年级。父亲是一家公司的职员，母亲是一家医院的骨科主治医生，家里的经济状况非常好。

她从小就是班里的“尖子生”，聪明温顺，遵守学校纪律，对父母和老师一向唯命是从。在各门学科中，她的成绩都非常优秀，但是爸爸、妈妈对她的期望过高，要求也过于严格。在一次期末考试中，她的数学考了全班第一，98分。对于这个已经是名列前茅的成绩，父母却依然不满意，认为那2分也不应该丢掉，于是责怪她太粗心大意，对考试缺乏认真的态度，要求她在以后的考试中，做完试卷后，一定要仔细检查，反复检查五六次才可以。如果成绩达不到满分，就要受到重抄试卷三次的惩罚。

由于父母对她的期望过高，使她的心理压力非常大，于是更加努力刻苦地学习，在以后的每次考试中都遵从父母的要求，仔细检查做过的题目，丝毫不敢懈怠，生怕出一点差错。从上初中开始，她答题的速度越来越慢，尤其在做数学试卷时，看题目必须一字一句认认真真地看，以防止自己把题目看错；做完题后还要一遍又一遍地验算所得的结果，甚至有时为一道题去反复检查将近三十分钟，否则就会感觉不放心，最后导致不能及时做完后面的考试题目。对同一道题如此长时间地反复检查，使她感到胸闷、头痛，而且导致学习效率降低，学习成绩也下降到班里二十几名。

父母错误做法：把分数当作衡量孩子一切的标准

对今天的很多孩子来说，“分数”已经成了很多父母衡量孩子、教育孩子、评价孩子的标准。在他们看来，只要孩子的分数上去了，就一切都上去了。一旦孩子的考试分数不理想，他们就会把孩子说得一无是处，除了分数，他们丝毫看不到孩子身上的闪光点。

很多父母为了孩子能够读书读出好成绩，几乎将自己整个人所有的资源和希望都放在了孩子的学习上。例如给孩子买各种各样的复习资料，让孩子上各种各样的学习辅导班，给孩子请各个学科的家教，督促孩子把所有的时间都用在学习上……他们试图通过各种方式让孩子在学习中取得好成绩。结果呢，在父母的重压之下，孩子不但没有取得好成绩，身心健康反而遭到了很大的危害，父母们可谓是“赔了夫人又折兵”。

心理专家建议：分数重要，但也不应无限夸大

老舍先生曾经说过：“我想，他们（孩子们）不必非入大学不可。我愿自己的儿女能以血汗挣饭吃，一个诚实的车夫或工人一定要强于一个贪官污吏，你（妻子）说是不是？”的确，分数固然重要，但是孩子的身心健康更重要，作为父母一定要把握好这个概念和尺寸，不要再逼迫孩子去争分了，其实，那是用孩子的身心健康去换分数，值得吗？因此，父母要正确对待孩子的分数。

1. 不要过于重视分数

尽管分数可以客观地显示出孩子对课本知识的掌握程度，但它并不是衡量孩子的唯一标准。当你抱怨孩子没考好的时候，当你认定孩子是差生的时候，不妨静下心来想一想：这套试卷是否符合实际，能否考出孩子的真实水平？孩子未必就那么差，只不过没有在试卷上发挥出来而已。

2. 降低对孩子的期望值

心理学研究指出，人的智力、性格、气质等各不相同，即先天条件不同，因而接受知识的能力和效果就会有高下之分，考试分数的好坏也就出现

相对的高低之别，不可能要求每个孩子都出类拔萃。所以，父母要根据孩子的实际情况，降低对孩子的期望值，这样对孩子会有好处。

3. 改变“只有考上名牌大学才算成才”的观念

俗话说：“条条大路通罗马”、“是金子总会发光”，成才的道路有千万条，父母不必强迫孩子一定要考高分、上名牌大学。此外，由于每个孩子的个性、特长、兴趣爱好不同，因而适合做不同的工作。只要孩子有兴趣，不管干什么工作，都可以取得非凡的业绩，成为各行各业的佼佼者。因此，成才观念的转变，也就改变了对孩子分数的看法。

二 高原现象：让孩子的学习再上一层楼

有很多孩子在学习过程中，会有一段时间学习效率非常低下，学习成绩停滞不前，这就是学习中的“高原现象”，父母应该帮助孩子克服。

人们登山时，开始速度很快，随着高度的不断增加，速度减缓了，到了5000米以上高度时，由于体力不支和高原缺氧等原因，往往止步不前，再要上一个新的高度就十分困难，甚至上不去，这就是登山运动中的“高原现象”。同理，孩子在学习的过程中，也常常会有“高原现象”发生。

学生在学习进程中常会有这样一个阶段，即学习成绩到一定程度时，继续提高的速度减慢，有的人甚至出现停滞不前或倒退的现象。在总复习的初期，每一个同学都很有信心，学习效果也较明显，但过了一个阶段，即在经历了一段时间的复习之后，成绩就再难有较大提高，甚至忽高忽低，沉浮不定；有的同学的复习效果逐步减退，甚至头脑变得昏昏沉沉，什么事都不想干，看不进书也记不住内容，性情易急躁烦闷。这就是心理学上所说的“高原现象”。

如同登山一样，在学习的过程中，出现“高原现象”是一种很正常的现象，尤其是对于一些尖子生、优等生来说，就更加正常了。但这种现象如果持续时间过长，就会严重影响孩子的学习。因此父母一定要帮助孩子预防这种现象的出现，如果孩子出现这种现象，就要想办法帮助孩子克服。

“高原现象”会让孩子丧失信心

作为父母，要正确认识孩子学习过程中出现的“高原现象”。其实这是孩子学习积累、进步到一定阶段必然会出现的情况。就像一个人一下子吃进了许多东西一样，需要好好地消化。这表明学到的知识可能不够系统，或者还需要融会贯通，毕竟那些吃进的东西还没有消化好，所以一定要鼓励孩子在痛苦中坚持不懈！但一般而言，学习过程中出现“高原现象”， 如果处理不当，常常会使孩子对学习丧失信心。

下面是一位高中生的独白：

可能是姐姐太优秀的缘故，父母对我的期望也一直很高，希望我以后能像姐姐一样有出息。可我从小成绩就不是特别突出，上这所高中已经付出很大努力了。刚上高中那会儿，课程一下子增加了，内容加深，我学习挺吃力的。但为了不让父母失望，我丝毫不敢懈怠，经过努力，成绩确实有了很大提高。

可是最近很长一段时间以来，我也是在同样地用功学习，可成绩怎么也提不上去了，总是在80分左右徘徊，我感觉自己的努力白费了，越来越没学习的劲头了。我开始怀疑是不是自己已经达到极限了，不会再有什么突破了？

父母错误做法：在学习上给孩子太大的压力

一般而言，孩子在学习上之所以会出现“高原现象”，一是学习方法不当（如没有对学过的东西及时进行复习等），另一个原因是孩子的意志力比较薄弱，遇到困难就会失去信心。除了这两个方面的原因之外，还有一个重要的原因就是父母在学习上给了孩子太大的压力。

例如，很多父母对孩子的期望值过高，他们总是希望孩子出人头地，出类拔萃；还有的父母要求孩子次次都考第一，否则就会得到惩罚；有的父母呢，是处处拿别家的孩子与自己的孩子比；甚至在孩子出现学习“高原现象”之后，还一味地要求孩子考第一……这样一来，“高原现象”就很容易“眷顾”这些孩子。此时，父母如果不能正视孩子学习过程中的这个问题，不仅会使孩子的学习成绩止步不前，还会在很大程度上打击孩子的自信心，使他们觉得自己根本就不是学习的料。

心理专家建议：正确看待孩子学习中的“高原现象”

“高原现象”的出现，确实会影响孩子的情绪，降低孩子的自信心，使他们缺乏学习兴趣，并对现实的学习过程产生厌倦和焦虑。但是只要孩子能够在父母的帮助下了解“高原现象”产生的原因，掌握克服的方法，就能及时消除负面影响。那么，学习中一旦出现“高原现象”，父母应该如何去做呢？

1．要激发孩子的好奇心

好奇心是人们学习的动机之一，如因学习疲劳而减弱了好奇心，你必须设法重新将它唤起。比如，如果发现孩子的求知欲不如以前，成绩也停止提高了。为此每当孩子上学前，都要问孩子几个问题，这些问题与上课的内容密切相关。以此激发孩子的好奇心，上课听讲时，特别注意听与所提出问题有关的知识，就会收到良好的效果。

2．改变孩子的学习方法和思维习惯

学习方法陈旧和思维习惯僵化是导致学习成绩无法提高的最主要障碍。学习的不同阶段应针对不同的内容采取不同的方法，如果总是采用一种一成不变的方法，必然会妨碍学习。此外，父母应该让孩子积极参与实践，一旦孩子参与了，就会发现它们比书本上的内容更丰富、更有趣。只要让孩子做出适当的改变，孩子的学习成绩很快就会提高的。

3．给孩子布置的学习任务要适度

每天给孩子安排的学习任务不可太重；不可让孩子把时间都用在学习上，一定要给孩子留有休息、锻炼、娱乐的时间；学习内容的安排也要讲究，如果学科的安排顺序、时间分配不当，则容易使孩子陷入高度疲劳。一般来说，刚开始应安排中等难度的学科，然后再配以最难的学科，最后关注容易的学科。

4．与孩子多沟通

如果发现孩子学习的过程中出现“高原现象”，就一定要及时与孩子进行沟通。帮助孩子调节紧张的情绪，找出排解学习压力的方法，告诉孩子你看到了他一直在很努力地学习并且做得不错。同时，要以积极向上的情绪感染孩子，给孩子提供一个宽松、冷静、温馨、零压力的学习空间。

三 劣质钢筋效应：让孩子不再偏科

很多父母发现，孩子在学习的过程中偏科现象特别严重。这对孩子未来的发展是极为不利的，父母应该想办法帮助孩子消除偏科的现象。

众所周知，建造高楼的时候，一定要把地基打牢，只有打好了扎实的基础，高楼才能一层一层往上盖。而打地基的时候，优质的钢筋是必不可少的。如果打地基时，用了劣质钢筋，那么建造的房子就是危房，是不能够用来使用的。

其实，中小学生的学习，就如同为以后的人生打地基，只有把每一门课都认认真真地学好，地基才会扎实牢固。倘若出现偏科的现象，就像打了劣质的钢筋，今后造房就会有危险。

这就是心理学上所说的“劣质钢筋效应”，它给了我们这样一个启示：在孩子学习，尤其是中小学学习的过程中，父母一定要避免孩子出现偏科，否则对他们今后的发展是极为不利的。就像梁实秋先生说的那样：“一个合理编列的课程表，犹如一个营养均衡的食谱。里面各个项目都是有益而必需的，不可偏废，不可再有选择。”

偏科会影响孩子的前途

什么是偏科呢？即使是成绩再好的学生，也不可能保证门门功课都拿第一，这种现象并不能称之为偏科。真正意义上的偏科，就是指某几门科目掌握得很好，在全班甚至全校都是名列前茅的，但某几门科目却处于中下游水平或者更低。例如，有一些数学成绩非常好的孩子，语文成绩却不及格。甚至连几个简单的汉字都写错，表达能力更是差。试想，这样的“数学天才”又能有什么作为呢？可见，重视这门而偏废那门的危害是极大的，可能会影响一个人的前途。

彬彬是初中三年级的学生，这个孩子在各方面表现得都很好，老师对他的评价也不错。和其他同学相比，彬彬学习比较刻苦，而且成绩也不错。但是，父母发现他身上有一个不容忽视的问题，就是他的偏科现象特别严重，各个学科之间发展很不平衡。

相比较来说，他的数学、化学、物理成绩都很好，考试成绩在学校也是数一数二的。可是语文和英语却很糟糕，有的时候，考试甚至会不及格。老师注意到这种现象之后，提醒他应该把学习的时间均给语文和英语一点，否则对以后的中考会不利的。但是彬彬并不以为然，结果中招考试成绩出来了，他没有考上重点高中，因为他的语文和英语成绩很低，致使总分不够重点高中的分数线。

父母错误做法：重理轻文

孩子的偏科与父母的干预也有很大的关系。有些父母总是不顾孩子的爱好与专长，而以自己的意志为转移，要求孩子学一些不爱学的学科。尤其受到近几年来社会上颇为流行的“学好数理化，走遍全天下”的影响，很多父母对子女理科的重视程度往往大于对文科的重视程度。更有甚者，因为文理两科成绩势均力敌，不相上下，主动要求学文科的孩子，硬是在父母的压力与“循循善诱”之下弃文投理。

还有些父母通过媒体或一些小报消息得知，在未来几年里，学某一专业将会有利于大学毕业后找工作，或者是未来社会需要的某种类型的人才。那么，他们就会千方百计地让孩子报考相关的专业，或者强迫孩子去学习某一学科。这样一来，不但抹杀了孩子的学习兴趣，还使孩子想学的学科不能学，不想学的学科却又被逼迫去学，结果哪一科都没有学好。最终造成了“两极分化”越来越普遍，越来越严重，也就出现了文科生的逻辑思维能力一团糟、理科生的人文知识几乎为零的情况，也就是我们所说的“偏科”。

心理专家建议：让孩子的各门学科均衡发展

在我们的现实生活中，有很多孩子，文科成绩呱呱叫，然而一遇到理科试题，却是一头雾水，不知道怎么下手。长期以来，他们的思维能力不仅得不到发展，甚至还有下降的趋势；而理科生呢，遇到需要用文字来表达的试题，总是一筹莫展。“偏科”不仅会给他们的学业带去影响，还会阻碍他们未来的发展。因此，父母一定要帮助孩子消除偏科现象，让孩子的各门学科均衡发展。

1．鼓励孩子继续发挥他的强项

很多父母在劝说孩子的过程中，可能会让孩子产生一种错觉：是强项的优势导致了其他学科的薄弱，为此孩子就有可能故意忽视对优势科目的学习。其实，父母应该为孩子的智慧潜能提供充分的发挥空间，让强项科目得到进一步的开发和发展。

2．提醒孩子学习不能仅从兴趣出发

在孩子学习的过程中，如果有偏科现象的苗头，父母应该向孩子明确指出：学习不能仅凭兴趣出发。也许最初的学习中兴趣是最佳的诱因，但当学生步入中学阶段，他应该有较为全面的学科意识了。毕竟，思维是全面发展、互相促进的。

3．进行有效的心理暗示

父母反复强调孩子“偏科”，孩子自己也会不断强化这个概念，认定“我这个学科是学不好的”。这就是消极的心理暗示了。有时候，父母可以佯装不知，找出他在偏弱的学科上的可取之处，哪怕是一点、两点，进行鼓励，让孩子觉得，“我在这门学科上也有过人之处”。

4．让孩子把学习的强项的思维特点“迁移”到弱项来

孩子之所以某一学科好，肯定有其独特的思维特点。例如，一个数学好的孩子其学习思路肯定特别清晰，逻辑判断能力也很强。这个时候，父母就应该建议孩子把学习的强项的思维特点“迁移”到弱项来，例如思路清晰，判断能力强同样也是写作文所需要的。

四 第十名现象：天下英才未必个个是状元

为什么一些小时候学习成绩不起眼的学生却能够在日后成才，这是因为天下英才未必都是状元。因此，父母要正确看待孩子没有拿第一。

杭州市天长小学周武老师在多年的教育中发现一个奇怪的现象：一些小时候所谓的尖子生在日后工作学习中却渐渐淡出“优胜者”的行列，而许多名列第十名左右的学生在后来的学习和工作中竟很出人意料地表现出色。周武将这一现象称为“第十名现象”。

为此，周老师特地进行了十多年的跟踪调查，在调查中，周武注意到：在小学期间的一些尖子生在这个过程中随着年级的升高而出现了学科成绩名次后移的现象，在小学时主科成绩在班级前五名而进入中学后位次后移的占43%；相反，小学时排在7—15名的学生在进入初中、高中后却有相当一部分位次前移，这个比例竟占81．2%。

周老师发现，孩子小时候很多父母都非常看重孩子的成绩排名，督促、强迫孩子挤进“前三名”或“前五名”，搞得他们压力很大。这使他们在培养兴趣爱好、拓宽知识面、发展个性等方面受到了很大的约束，反而束缚了他们智力的发展。又因为他们都是听话的“好孩子”，一些好的个性也会被束缚。再者，因为老师对他们的关照，使得他们缺少学习上的独立性。

而第十名左右的学生虽然成绩不是优秀的，但是他们大都比较活泼，灵活性强，学得较为轻松，兴趣广泛，老师不大注意这些学生，因此其学习的独立能力较强，有很大的潜力。另外，这些学生没有保住“前三名”的心理压力，使他们在健康的心态中学习。这是他们有“后劲”，进步和成才概率较高的主要原因。

不是第一照样也能成功

在2005年7月，香港大学在确定对内地学生录取的名额中，淘汰了11名省市的高考“状元”。原因何在，是因为校方主要考虑学生的英语能力、个人潜质、是否适应香港生活，不会录取对课外活动缺乏兴趣的“书呆子”。在内地高校都争相录取各地高考状元的时候，香港大学的这个举动引起了人们的反思。其实，他们这一做法在很大程度上体现了“第十名现象”，同时也告诉我们，成绩不是第一照样能够获得成功。

北京师范大学心理学院刘儒德教授曾经在《教育中的心理效应》一书中，举了这样一个例子：

西莉亚要申请攻读研究生，他的成绩不错但谈不上出众，测验分数尚好但不算鹤立鸡群，推荐信亦属令人满意但也不是相当具有分量的那种。她的申请材料从各个方面来看都还可以，但也都不是特别拔尖，最后导师录取了西莉亚，因为任何专业招生都会招来这类不错但也称不上出众的人选。

但在西莉亚找工作时，却给大家一个不小的意外：谁都想雇佣她。这使我们不禁要问，为什么有些人不具备很高的智力和很强的创造力，却在劳动力市场上如此受欢迎？回答其实非常简单，因为她有丰富的社会经验，或者说她有丰富的常识。西莉亚可以在任何一种环境中找到适合自身生存发展的办法，然后付诸实施。例如，西莉亚知道如何有效的应对面试，知道如何与同学和睦相处，知道如何完成她的工作，她还知道什么样的事该做，什么样的事不该做。可以这么讲，她在学习的环境中也具有一种日常生活的智慧。她深知那些很少得到承认但又是生活中必不可少的实实在在的东西。在学校和在生活中也是一样，每个人都需要拥有一定的实用智慧，以适应周围的环境。

父母错误做法：总是要求孩子考试第一

现实生活中，绝大多数的父母总是要求孩子在考试中成绩名列前茅。为此，他们在孩子还很小的时候就让孩子学习、学习再学习，每次考试，也总是非常关注孩子的学习成绩。如果孩子的成绩没有达到他们的要求，很多父母就会轻者斥责孩子，重则打骂孩子。此外，他们还让孩子上各种各样的辅导班，给孩子请各个学科的家教。在这种环境之下，孩子的压力很大，在培养兴趣爱好、拓宽知识面、发展个性等方面受到了很大的约束，智力发展也得到了很大程度的束缚，因此会逐渐淡出“优秀”的行列。

心理专家建议：父母不要把目光盯在“第一名”上

“第十名”现象给我们的启示是，在教育孩子的过程中，父母不应该把关注孩子的目光一味地盯在“第一名”；相反，如果能够从多方面关注孩子的成长，如学习独立性、智力发展、创造性、适应生活的能力等，则能够让孩子获得更大的成功。

1．分数不是一切

在教育孩子的过程中，父母不应该把分数作为衡量孩子一切的标准。如果太重视孩子的学习成绩，而不注重孩子其他方面的培养，那么，孩子最后只能是“高分低能”的产物，做任何事情都将难以取得成功。

2．让孩子从小养成独立学习的习惯

孩子小的时候最容易养成习惯，而良好的习惯是一个人获得成功的重要因素。因此，要从小培养孩子的自学能力，同时，也要循序渐进，不能急于求成。学习方面让孩子自己把不懂的地方弄懂，养成预习功课的习惯。只要孩子养成自学的习惯，在高中、大学的宽松学习环境中就能把握自己，取得成功。

3．给孩子宽松的生活环境

压力过大，不仅不利于孩子的学习，还会严重影响孩子的心理健康。因此，在孩子学习的过程中，父母切忌给孩子太大的压力，要关注孩子的成绩，但不要过分重视。最重要的是指导孩子掌握正确的学习方法，培养孩子的学习能力。

五 禁果效应：别再对性教育遮遮掩掩

父母应该正确对待孩子的性教育问题，因为越是遮遮掩掩，孩子的好奇心就越会增大。

在古希腊神话故事中，有位叫潘多拉的姑娘从万神之神宙斯那里得到了一个神秘的小匣子。宙斯严令禁止她打开，这就激发了姑娘的猎奇和冒险心理。一种急于探求盒子秘密的心理，使她终于将它打开，于是灾祸由此飞出，充满人间。

的确，在生活中常常会遇到这样的情况：你越想把一些事情或信息隐瞒住不让别人知道，越会引来他人更大的兴趣和关注，人们对你隐瞒的东西充满好奇和窥探的欲望，甚至千方百计通过各种渠道试图获得这些信息。而一旦这些信息突破你的掌握，进入了传播领域，会因为它所具有的“神秘”色彩被许多人争相获取，并产生一传十、十传百的效果，从而与你隐瞒该信息的愿望背道而驰。

这一现象被称作传播中的“禁果效应”，也叫做“罗密欧与朱丽叶效应”。所谓“禁果效应”，指一些事物因为被禁止，反而更加吸引人们的注意力，使更多的人参与或关注。有一句谚语：“禁果格外甜”，就是这个道理。“禁果效应”在家庭教育中也是极为常见的，如对孩子进行性教育。很多父母怕孩子学坏，不愿让孩子知道过多的性知识，然而越是这样，孩子的好奇心就越强。

看国外如何对孩子进行性教育

随着社会的发展，电视、网络、报纸杂志上各种相关信息的泛滥，孩子们对性的观念已经不同上一代人。如果能够从小对孩子进行性教育，不仅能解答孩子所提出的关于性的问题，还可以让孩子安全地度过即将到来的青春期到青年期这段复杂的性变化时期。因此，从小对孩子进行性教育，也可以说是青春期的准备教育。在这方面，西方父母做得远远先进于我们。

西方的父母对孩子的性教育不但早，而且形式多样。除了相关读物外，他们会准备一个神奇的娃娃，皮肤色泽和手感与真实的女孩相差无几，身体器官也一应俱全，有着惟妙惟肖的子宫和卵巢，还有逼真的下体……他们把性作为一门科学知识传授给孩子，并和孩子认真而轻松地探讨，丝毫不觉得这是件可耻的事情。

不仅欧美，亚洲的其他国家也走在了性教育的前端。

在日本，把男女人偶作为教材，在小学课堂里堂堂正正地讲“性交”。这些人偶上面有阴茎、乳房、阴毛。为了能使阴茎和腹部增大，人偶还被精心安置了气泵装置。老师在课堂上用人偶为学生们讲解性交全过程，还有生命的孕育过程，直到孩子从人偶妈妈的肚子里“生”出来。

无论是日本还是西方，他们对孩子的性教育都是正确的，也是值得我们学习和借鉴的。对于性，孩子终究是要面对，因为孩子不是无性的。古人云：“食、色，性也。”一句话就深刻地揭示出了人类生理心理的共同规律，性欲和食欲都是人类的本能，与生俱有的，也会伴随一生。“人之初，性育始。”因此，性的教育不应该从青春期开始，应该是越早越好。专家提出：性教育的关键年龄是5岁以前。

父母错误做法：对性问题讳莫如深

通过电视、网络、画刊等宣传，孩子或多或少都会获得一些关于性的认识。面对这些，他们的理解和认识是不全面的。由于好奇心的驱使，以及无法解除的困惑，孩子就会选择去问父母，希望从父母那里得到答案。然而，当孩子问到这类问题时，父母要么遮遮掩掩，要么谈“性”色变，要么训斥、指责孩子不学好……

例如，很多孩子会问父母“我是怎么来的”，这个时候很多父母会说“你是捡来的”，“你是从天上掉下来的”，“你是从石头缝里蹦出来的”等。这样的回答常常会让孩子困惑不解，反而更增加了孩子的好奇心。

心理专家建议：不要割断孩子对性的了解

鲁迅先生说：“生物的个体，总免不了衰老和死亡，为继续生命起见，就有一种本能，这就是性欲，因性欲才有性交，因性交才有后代，继续了生命，所以，性交也并非罪恶，并非不净。因此对性问题大可不必羞羞答答，遮遮掩掩，应理直气壮地谈论它，研究它，让更多的人，特别是青少年正确认识它，以增强对性犯罪的免疫力。”而父母作为孩子性知识、性道德的启蒙者，在性教育中的知识是无可替代的。所以，如果是真心地爱孩子，就不要割断孩子对性的了解。

1. 对孩子的性教育要从幼儿开始

现在的小孩发育较快，心智成熟也很早。孩子平常在电视、电影上也早就看过许多亲热镜头，因此不要总是想着孩子长大后再和他说。不要寄希望于与孩子来一次促膝长谈，告诉他们关于性的问题，而应该随时把握机会，从孩子开始问：“我是从哪里来的？”或“为什么爸爸站着尿尿，我却蹲着？”就开始和孩子谈性。

2. 允许孩子的性好奇

孩子在探索新事物时首先体验自己的身体，这是很正常的。孩子长到三四岁以后，还会对异性性器官产生兴趣和好奇。应该懂得，孩子对性器官的好奇，与对身体各部位器官的好奇是一样的，父母不必大惊小怪，更不要带有偏见地训斥孩子。否则将不利于孩子性意识的发展，甚至会造成性的压抑。

3. 拿相关书籍给孩子看

父母可以利用故事书，如动物生态、图鉴等向孩子解说，透过故事书里动物生态的宝宝，来满足孩子的好奇心，且利用动物亲子关系作为题材，告诉孩子一些自然生态孕育子女的奥秘。

4．坦诚地回答孩子关于性的提问

随着年龄的增长，孩子有关性的问题就会多起来。对于孩子的提问，父母正确的态度是自然、坦诚和耐心地给以正确的回答。不要回避、撒谎或责骂。对孩子的性教育不必讲究系统性。孩子的发育阶段不同，提出的问题也就不同，根据孩子的需要和知识水平，给予他们能够接受的性知识。

六 自杀定律：
小心孩子产生自杀倾向

心理不健康、压力过大等，常常会让孩子产生自杀的心理倾向。对此，父母一定要注意培养孩子的健康心理，并帮他们树立正确的生死观。

近年来，心理专家研究发现，自杀也有一定的规律可循，它多发生在有心理问题的人身上。例如2003年的4月1日张国荣跳楼自杀，2005年2月22日韩国明星李恩珠自缢身亡，这中间穿插着很多自杀身亡和自杀未遂的故事。而最近一段时间，韩国又有三名明星接连自杀。究其原因，是因为这些人身上存在这样那样的心理问题，例如抑郁、自卑、心理疲劳等。

然而，根据调查显示，在我国每年自杀人数可达40～60万，其中青少年（15～24岁）自杀占1/4之多，更为可怕的是，自杀已成为未成年人的第一死因。尤其是近几年，据权威部门统计，有6%～13%的青少年在这一时期至少尝试过一次自杀，他们往往采取上吊、跳楼、吃药等自杀方法。

如今，青少年自杀正逐步成为当今社会突出的问题，严重威胁着家庭、学校和社会稳定；另外，根据“自杀定律”，不难发现青少年自杀主要是由心理不健康造成的。作为孩子的父母，应该深入研究青少年自杀的原因及一般规律，提防孩子日常生活中自杀意识的出现，教育孩子爱护、尊重生命。

孩子自杀谁之过

现代社会，人们的生活、物质水平越来越高，但是人们的心理健康水平却直线下降，这其中，包括很多青少年在内。按理说，青少年正处于花一般的年龄，应该开开心心、快快乐乐。可是，让人们不明白的是，为什么有很多青少年会选择自杀，会轻易放弃自己美好的生命。究其原因，是因为现在的青少年遭遇到的心理问题越来越多，例如自卑、抑郁、压力过大、不能正视挫折等，都会让他们对生命失去信心。

沈阳一名16岁的女中学生因高考成绩不理想，失望之余竟服药自杀。高考后，她像其他学生一样，热切地等待着高考的成绩。7月5日晚，她和父母一起拨通了信息台的电话，输入了考号，电话中传出四百八十二的报分，满怀希望的她瞬间失望至极。她知道这个分数与她所报的大学“无缘”了。父母见女儿情绪低落，忙安慰她，让她不要伤心。但父母没想到女儿竟会想不开而走上绝路。

2001年11月20日，新疆石河子122团中学初三（3）班4名花季少女，在开完家长会的当天下午相约喝老鼠药自杀。其中两名因抢救无效死亡，一名女孩至今仍躺在医院急救室里，另一名幸存的女孩事发后休学在家。据悉，11月10日，石河子122团中学公布了期中考试成绩，并排了名次。这4位女生名次排在年级的后面，由于害怕家长责骂，她们便商议一起服老鼠药自杀以寻求解脱。

父母错误做法：对孩子指责而不是支持

虽然每个家庭的教育方式不同，但由于很多父母对孩子寄予了过高的期望，他们“望子成龙”、“盼女成凤”，想通过子女的学习成绩与将来的事业成功来弥补自己过去未曾获得的心愿。一旦付出与收获有了很大的落差。父母的内心就会表现出不平衡。这时，往往还会表现出强烈的反应，不是对孩子数落责骂，就是拳脚相加，使孩子深深感到家庭的巨大压力而处于紧张、焦虑、不安之中，甚至选择结束自己的生命来逃避现实。

此外，还有一些家庭父母之间冲突较多，甚至充斥着家庭暴力，或者父母对孩子是一种消极的拒绝态度，他们获得的支持很少。可以说丧失家庭支持或家庭支持不足是诱发他们自杀的一个重要因素。另外，据调查显示，单亲家庭和重组家庭孩子自杀的概率，基本上是非此类家庭孩子的两倍。

心理专家建议：关注孩子的心理健康

作为父母，可能很不理解孩子自杀这种极端行为。他们总是觉得，孩子们的物质生活水平比自己小时候要强出好几倍，还有什么令他们不满意的呢？而自杀定律告诉我们：一个人采取自杀行为，通常与他的物质生活水平没有什么关系，主要是因为家庭、社会等因素造成孩子的心理不健康。无疑，孩子的极端行为会给自己、家庭和社会带来严重的伤害和损失，所以，帮助孩子走出心理阴影，防止孩子走向极端，让孩子健康成长，是每一位父母义不容辞的责任。

1．父母要关注孩子心理健康

研究表明，现在中小学生的心理健康问题越来越普遍化。心理不健康，不但会影响孩子的学习与生活，还可能导致一些严重的心理疾病。因此，父母一定要关注孩子的心理健康问题，培养孩子的耐挫能力，让孩子拥有阳光般的心态和坚强的性格。

2．建立良好的亲子关系

父母要与孩子建立亲密、良好的亲子关系，当孩子得到来自家庭的关爱、理解与尊重时，他们就不会产生情感空缺，因而也就不会走向极端。

3．帮助孩子走出困境

如果孩子因为受挫而长时间沉湎于焦虑与痛苦中是非常危险的，父母要引导孩子正确看待挫折，让孩子把内心的痛苦、失望说出来，孩子就会感到轻松些。这时，父母需要做的不是训斥或惩罚孩子，而是耐心倾听孩子的诉说，并帮助孩子走出困境。

4．对孩子进行生死观教育

生老病死是每一个人都要面对的问题，孩子也一样。然而我们对孩子的教育却总是回避死亡这个问题。比如，有人去世了，父母总会告诉孩子，他“睡着”了，或者他去了一个很远的地方等。这种做法只能使孩子对死亡的概念非常模糊。有的孩子甚至不知道死亡对自己和亲人究竟意味着什么，于是很轻易地就会走向极端。因此，父母一定要重视对孩子的生死观教育。

七 贝尔效应：

成功没有想象得那么难

很多孩子认为成功是很艰难的事情，对其是望而却步。其实，只要坚持，成功并没有想象得那么难。因此父母一定要帮孩子克服对成功的畏惧心理。

1983年，伯森·汉姆徒手攀上纽约帝国大厦，创造了吉尼斯世界纪录。让人意想不到的是，他其实是一个患有“恐高症”的人！伯森·汉姆的曾祖母听说汉姆创造了吉尼斯纪录，她想为伯森·汉姆的壮举添彩。特意从100公里外的葛拉斯堡罗徒步赶来。为了不耽误行程，汉姆的曾祖母在路上一步都没有停歇，经过老人不懈地努力与坚持，最终她竟奇迹般地及时赶到了伯森·汉姆的住处。汉姆的曾祖母非常高兴，但令她更高兴的是她的这一异想天开的做法，竟也在无意间创造了一个耄耋老人徒步百公里的世界纪录。人们都觉得太不可思议了。

当记者问伯森·汉姆是以何种方式克服恐高症时，他笑着说：“打算一口气儿跑完100公里也许需要勇气，但是走一小步路是不需要太多勇气的。把自己的每一步都看作起点，坚持住每一步的勇气，接着第二步，第三步……最终就能像我和我的曾祖母那样创造奇迹！”

伯森·汉姆的一席话，将贝尔效应解释的清清楚楚。即只要你想着成功，你就能获得成功。英国学者贝尔天赋极高，有人曾做过这样的推测：他毕业后若研究晶体和生物化学，极有可能赢得诺贝尔奖。但他却心甘情愿地甘当人梯——提出一个个课题，并指引别人进行研究，登上一座座科学的顶峰。

他曾经多次说道：“成功其实并没有我们想象的那么难，有时需要的仅仅是你的勇气和坚持。有些事情不是因为难我们才不做，而是因为我们不敢做才显得难起来。”这就是心理学上的“贝尔效应”。生活中，有些孩子觉得成功高不可攀，对此，父母一定要想办法打消孩子的顾虑，让孩子抱有成功的信念。

只要你想着成功，就能够成功。很多孩子在追求成功时，总是心存畏惧心理，他们有时会认为成功是一件高不可攀的事情。因此，还没有到达成功的脚下时，他们就选择了止步。但贝尔告诉我们，成功并不是一件艰难的事情，只要你心里想着要成功，你就一定能够获得成功。

曾经有人列出了三种不同的人生让人们选择：轰轰烈烈、平平凡凡、凄凄惨惨。很多人都愿意选择轰轰烈烈，但事实是在现实生活中，大多数人都平平凡凡，甚至凄凄惨惨！为什么不同的人会有如此大的差距呢？他们之间真的有不可逾越的鸿沟吗？当然不是。成功者与失败者的最大不同，就在于前者坚信自己会成功，而后者则不是。

当威廉·皮特还是一个孩子的时候，他就相信自己一定能够在未来的人生道路中成就一番伟业。因此，在他成长的过程中，无论他做什么事情，无论他身在何处，无论他和什么样的人在一起，不管是在上学、工作还是娱乐，他从未放弃过对自己的信心，不断地告诉自己应该成功，应该出人头地。

这种成功的信念在他身体的每一个细胞中“生根发芽”，并鼓励着他锲而不舍、坚忍不拔地朝着自己的人生目标——做一个公正睿智的政治家——前进。22岁那年，他就进入了国会；第二年，他就当上了财政大臣；到25岁时，他已经坐上了英国首相的宝座。凭着一股要成功的信念，威廉·皮特完成了自己的飞跃。

父母错误做法：给孩子灌输成功艰难的思想

现实生活中，很多父母都想孩子获得成功，出人头地。也许正是因为这个原因，他们在教育孩子的过程中总是有意无意地给孩子灌输一些成功非常艰难的信息。例如，从小他们给孩子灌输“天将降大任于斯人也，必先苦其心志，劳其筋骨，饿其体肤”、“三更灯火五更鸡”、“头悬梁、锥刺股”等思想。

不可否认，父母的本意是好的，他们只是想要提示孩子在追求成功的道路上一定要忍受得住痛苦。但是他们没有想到的是，长时间地给孩子灌输这种思想，无形中会给孩子形成一种压力，让孩子觉得成功是一件很渺茫、很艰难的事情。结果呢，孩子还没有开始做，就已经决定放弃了。如此一来，成功离孩子也越来越远了。

心理专家建议：鼓励孩子敢想敢做

林肯曾经说过："有些事情一些人之所以不去做，只是因为他们认为不可能。其实，有许多不可能，只存在于人的想象之中。"人世间的很多事情，只要想做，就一定能够做到；该克服的困难，也一定能够克服；渴望达到的成功，也一定能够达到。因此，作为父母，在教育孩子时，一定要给孩子足够的鼓励和支持，让孩子敢想敢做。只有敢想敢做了，才有可能取得成功。

1. 设定做事情的目标

要想让孩子取得成功，首先就要帮助孩子确定成功的目标，一旦目标确立了，孩子的日常生活才会围绕这个目标努力。鼓励孩子千万不要随意改变已经设定好的目标，否则生活就会陷入一片混乱之中。

2. 鼓励孩子做事情一定要坚持

法国伟大的启蒙思想家布封曾经说过："天才就是长期的坚持不懈。"我国著名的数学家华罗庚也曾说："做学问，做研究工作，必须持之以恒。"的确，不管做什么事情，要想取得成功，就一定要有坚持不懈的毅力和持之以恒的精神。所以，在教育孩子的过程中，不管孩子遇到多大的困难，一定要鼓励孩子坚持下去。

3. 要培养孩子的耐心

慢工出细活，急于求成反而不利于成功。因此，如果想要孩子成功，就一定要注重培养孩子的耐心。孩子只有拥有耐心，才能实现成功路上一个又一个的小目标，完成一个又一个的小阶段，直至最后达到成功的顶峰。

八 成就动机：
让孩子追求可能的成功

在孩子成长的道路上，孩子的成就动机是促使他们成功的原动力。因此父母一定要注意培养、呵护孩子纯真的成就动机。

著名心理学家麦克里兰曾经就这一成就动机问题做过深入的研究，他发现，具有强烈成就动机的人追求的是个人成就，他们极想把事情做得比以前更好、更有效；他们能够为解决问题的方法本身承担责任；他们喜欢设置有中等挑战性的目标。当一项任务的成功的可能性为50%时，他们的成绩最好。

心理学家阿特金森在一项经典实验中证实了这一点。他在实验中把80名大学生分为四组，每组20人，给他们一项同样的任务，对第一组学生说，只有成绩最好者（1/20）能得到奖励；对第二组学生说，成绩前5（1/4）名将会得到奖励；对第三组学生说，成绩前10（1/2）名可以得到奖励；对第四组学生说，成绩前15（3/4）名都能得到奖励。

成功可能性适中的两组成绩最好，成功概率太高或太低时成绩下降。第一组大学生都认为，即便自己尽最大努力也极少有可能成为第一名；而第四组大学生一般认为肯定在前15名之列，于是这两组学生都认为无需努力了。研究表明，最佳的成功概率是50%左右，因为大多数学生认为，如果尽自己努力，很有希望获得成功；如果不努力的话，也有可能会失败。

所谓成就动机，是指个体追求自认为重要的有价值的工作，并使之达到完美状态的动机，即一种以高标准要求自己力求取得活动成功为目标的动机。如：具有这种动机因素的孩子，就能刻苦努力，战胜学习中的种种困难和障碍，取得优良成绩。因此，在家庭教育中，父母如果想要孩子自觉地去为自己的目标奋斗，就需要培养、呵护孩子的成就动机。

让孩子自己依靠自己

心理学家研究发现，成就动机高的孩子在生活中往往具有独立的见解，能够抵制不可靠的意见，做事情很容易取得成功。另外，在做事情的过程中，他们总是能够尽自己最大的努力，克服一切障碍，将自己的潜能发挥到极点。而成就动机低的孩子，他们自信心不足，认为自己的能力欠缺；而在设置目标的时候，他们又往往设置一些不切实际的目标，可因为不付出努力，导致一次又一次的失败。其实，孩子的成就动机是可以在日常生活中培养出来的，最主要的一点就是父母一定要让孩子学会自己依靠自己，在这个问题上，中国的父母的做法就不及外国父母的做法：

例如，同样是孩子摔倒，中国的父母看到孩子摔跤了会飞奔过去，小心地扶起孩子；有的父母为了安慰孩子，甚至会跺地，踢石块。而外国的父母看到孩子摔倒，则往往是不屑一顾，该做什么还做什么。结果呢，中国的孩子看到父母来势凶猛，以为出了什么事，本来没有哭的也会大声哭起来；而外国的孩子呢，看到父母不屑一顾，就认为摔倒很正常，反而会不好意思地朝父母看看，然后爬起来，继续玩自己的。

长此以往，中国孩子留了永久的后遗症，学会了推诿责任，不管什么问题，都条件反射似的以为“这不是我的错”。再者，他们无法建立自我保护意识，不知道如何防止重蹈覆辙，下一次照样还会摔。更为重要的是，孩子学会了无需尽自己的努力来克服障碍、追求成功，他们认为遇到困难，会有人兜着。可想而知，他们哪里会有成就动机。而外国的孩子呢，他们知道不管做什么事情，都必须依靠自己的力量，这样才能克服障碍，把事情做好。如此一来，他们的成就动机也就变得很强。

父母错误做法：反对孩子“太较真”

事实上，每个父母都希望自己的孩子成就动机高一些，因为成就动机高的人具有更强的责任心，能有更突出的成就。但有时候，孩子的成就动机过高，却有可能会被父母抱怨认真过头，太较真。例如，孩子一次小测验没有拿到满意的成绩，为此耿耿于怀，这时有的父母会说："考试不一定次次都要100分，关键是你有没有掌握好知识。"孩子上学迟到，为此埋怨父母没有按时叫醒他，而这时有的父母却说："上学迟到一次没有什么大不了的，只要你不是故意的。"

从某种意义上来讲，孩子追求好成绩，上学不愿迟到，其实是一种单纯的成就动机。但父母如果从一开始就不主张孩子做到最好，那么他一生恐怕也就不会认为自己是最好的；同样如果他从小就不能仔细分辨态度与行为的差异，认为迟到一次没关系，那么他恐怕也不可能那么严肃地对待以后的学习和人生。

心理专家建议：要注意激发孩子的成就动机

成就动机是促使孩子获得成功的原动力，因此作为父母一定要正确对待孩子的成就动机。如果孩子天生爱"较真"，事事都想要做到最好，那么父母就应该想方设法地呵护孩子的成就动机。如果孩子天生不好强，什么事情都是凑合着过，那么父母就应该耐心地培养他们的成就动机，教会他们根据胜利、成功来考虑问题，承担个人责任，从而做一个成就动机高的，也做一个有高成就的人。

1. 帮孩子树立能够达到的目标

激发并帮助孩子建立适当的成就动机，也就是使他们明确知识学习、体育锻炼、品德修养等方面所追求的目标。这些目标应该是他们经过努力可以达到的，而不是高不可攀；是明确具体的，而不是模糊抽象的。

2. 教育孩子不能满足现有的成就

当孩子在某种活动中获得成功，他们往往感到满足。这种满足可以起自我强化的作用，使他们追求更高的成就，但由于他们水平有限，不一定能树立恰当的目标；同时，这种满足也可能使他们停滞不前。所以，父母在赞扬他们已有成就的同时，要帮助他们树立进一步追求的目标。

3．相信孩子的能力并给予锻炼的机会

早在1927年，著名教育家陈鹤琴先生就提出：“凡儿童自己能够做的，应该让他自己做；凡儿童自己能够想的，应该让他自己想。”的确，孩子都有尝试的愿望，父母要不厌其烦地给孩子机会，允许孩子去做一些他们能够做好的事情。这样会增加他们的自信心，有利于成就动机的培养。